FORSCHUNGSBERICHTE DES WIRTSCHAFTS- UND VERKEHRSMINISTERIUMS NORDRHEIN-WESTFALEN

Herausgegeben von Staatssekretär Prof. Leo Brandt

Nr. 112

Prof. Dr.-Ing. H. Opitz

Verschleißmessungen beim Drehen mit aktivierten Hartmetallwerkzeugen

SPRINGER FACHMEDIEN WIESBADEN GMBH

ISBN 978-3-663-19917-5   ISBN 978-3-663-20261-5 (eBook)
DOI 10.1007/978-3-663-20261-5

Forschungsberichte des Wirtschafts- und Verkehrsministeriums Nordrhein Westfalen

Gliederung

Problemstellung . . . . S. 5

I. Grundlagen . . . . S. 6

   1. Isotopie . . . . S. 6

   2. Radioaktivität . . . . S. 6

   3. Radioaktiver Zerfall . . . . S. 7

   4. Einheiten für die Radioaktivität . . . . S. 8

   5. Herstellung künstlich radioaktiver Isotope . . . . S. 9

   6. Geiger-Müller-Zählrohre . . . . S 10

   7. Gefahren und Schutzmaßnahmen beim Umgang mit radioaktiven Substanzen . . . . S. 10

II. Versuchsdurchführung . . . . S. 13

   1. Prinzip der Messung . . . . S. 14

   2. Vorbereitung und Aktivierung der Hartmetallplättchen . . . . S. 14

   3. Durchführung der Versuche . . . . S. 18

   4. Versuchsergebnisse . . . . S. 20

Forschungsberichte des Wirtschafts- und Verkehrsministeriums Nordrhein Westfalen

Problemstellung

Die Wirtschaftlichkeit der industriellen Formgebungsverfahren hängt in entscheidendem Maße von dem Verschleißverhalten der Werkzeuge ab. Daher sind Untersuchungen über das Verschleißverhalten der Werkzeuge von außerordentlichem Wert für die gesamte industrielle Produktion. Als Meßgröße für das Verschleißverhalten der Werkzeuge hat sich die Standzeit eingeführt. Das ist die Schnittzeit, nach deren Ablauf ein Nachschleifen des Werkzeuges erforderlich wird. Bisher ist die einzig sichere Grundlage für die Standzeituntersuchungen der Langzeitversuch, d.h. man fährt den Versuch unter genau betriebsgleichen Bedingungen bis zum Erreichen beispielsweise einer vorher festgelegten Verschleißmarkenbreite.

Man hat nun stets versucht, Kurzprüfverfahren anstelle der Standzeitversuche zu setzen, um die hohen Material- und Zeitkosten zur Ermittlung der Standzeiten einzusparen. Eine befriedigende Lösung hierzu ist bis heute noch nicht gefunden worden. Der Grund hierfür ist vor allen Dingen darin zu suchen, daß die für ein Kurzprüfverfahren notwendig verschärften Arbeitsbedingungen eine völlig anders geartete Beanspruchung des Werkzeuges erzeugen und die Ergebnisse sich bei betrieblichen Verhältnissen dann nicht bestätigen. Man suchte darum nach Kurzprüfverfahren, die unter genau betriebsgleichen Bedingungen angewendet werden können. Ein solches ist das der radioaktiven Verschleißmessung, über das in den USA von MERCHANT und ERNST erstmalig berichtet wurde.

Während man bei den gebräuchlichen Standzeitbestimmungen den Drehmeißel unter dem Mikroskop und mit Oberflächentastgeräten untersucht, werden bei diesem neuen Verfahren im Gegensatz dazu die Drehspäne auf die an ihnen haftenden Verschleißteilchen untersucht. Wie bei den Versuchen in Amerika festgestellt wurde, sitzen nämlich über 90 % der Verschleißpartikel des verwendeten Hartmetalls an den Spänen. Wegen des sehr geringen Abriebs scheidet eine Bestimmung des Werkzeugabriebs durch Wiegen aus. Hier bietet sich die Messung der Radioaktivität mit Zählrohren als geeignetes Mittel an.

Sinn und Zweck dieser Arbeit soll es sein, Voraussetzungen und Anwendungen des Verfahrens der radioaktiven Verschleißmessung beim Drehen zu schildern und darüber hinaus Möglichkeiten aufzuzeigen, wie man das Verfahren zu einem brauchbaren Kurzprüftest entwickeln kann.

Forschungsberichte des Wirtschafts- und Verkehrsministeriums Nordrhein Westfalen

I. Grundlagen

1. Isotopie

Die uns heute bekannten 98 Elemente werden im periodischen System nach steigender Ordnungszahl Z angeordnet; dabei beginnend vom Wasserstoff (Z = 1) bis zum Californium (Z = 98). Die Ordnungszahl Z gibt an, wieviel positive Elementarladungen (e = 1,6 · 10^{-19} Coulomb) ein Atomkern des entsprechenden Elements enthält. Da sich ein Atom als Ganzes elektrisch neutral verhält, ist diese Aussage gleichbedeutend mit der, daß die Elektronenhülle eines Atoms des betrachteten Elements aus Z Elektronen besteht. Die Atomkerne setzen sich zusammen aus Neutronen (n) und Protonen (p), die man unter dem Begriff Nucleonen zusammenfaßt. Die Begriffe "Isotop" und "Isotopie" wurden von SODDY eingeführt. Bei der Erforschung der natürlich radioaktiven Stoffe hatten er und andere entdeckt, daß ein- und dasselbe Element aus verschiedenen Atomarten zusammengesetzt sein kann. Diese Tatsache nannte SODDY Isotopie. Die Verschiedenheit liegt darin, daß diese Atomarten eine verschiedene Zahl von Neutronen im Kern enthalten, während die Anzahl Protonen und damit die Ordnungszahl Z dieselbe ist. Die unterschiedliche Anzahl von Neutronen im Kern bedingt häufig unterschiedliche Stabilitätseigenschaften. Ein Element kann also aus mehreren Atomarten bestehen; und diese werden als die Isotope dieses Elementes bezeichnet, da sie alle auf dem gleichen Platz eben dieses Elementes im periodischen System stehen. Das Verhalten der Isotope bei chemischen Reaktionen ist völlig gleich, da derartige Reaktionen sich nur in der Elektronenhülle abspielen und die gleiche Ordnungszahl gleiche Elektronenzahl in der Hülle bedingt. Beispielsweise hat das Element Wasserstoff zwei natürliche Isotope: $^1_1 H$ und $^2_1 H$ (Deuterium). In dieser Schreibweise bedeutet die hochgestellte Ziffer die Anzahl der Nucleonen, die tiefgestellte die Anzahl der Protonen und damit die Ordnungszahl.

2. Radioaktivität

Unter Radioaktivität versteht man einen Prozeß, bei dem instabile Atomkerne spontan Energie in Form von Strahlung abgeben und dabei in stabile Kerne übergehen. Man kennt augenblicklich 51 natürlich radioaktive Atomarten. Seit 1934 kann man auch radioaktive Atomarten, die in der Natur nicht vorkommen, künstlich herstellen. Man kennt α, β - und γ - Strahlung.

___Forschungsberichte des Wirtschafts- und Verkehrsministeriums Nordrhein Westfalen___

Die beim α-Zerfall ausgesandten Teilchen sind identisch mit Heliumkernen. Beim β-Zerfall werden Elektronen oder Positronen ausgeschleudert. Die γ-Strahlung ist eine sehr kurzwellige elektro-magnetische Strahlung, deren Wellenlänge meist noch kürzer ist als die der Röntgenstrahlung. Sie tritt dann auf, wenn ein instabiler Atomkern nach der Aussendung eines α- oder β-Partikels sich in einem angeregten Zustand befindet und durch Ausstrahlung von Energie in den Grundzustand, d.h. in den stabilsten Zustand übergeht.

3. Radioaktiver Zerfall

Für das praktische Arbeiten mit radioaktiven Atomarten ist die Frage nach der Geschwindigkeit von Kernumwandlungen besonders wichtig. Würde es gelingen, in einem Atomverband einer radioaktiven Atomart ein Atom zu kennzeichnen, so ist es trotzdem nicht möglich, vorauszusagen, innerhalb welcher Zeitspanne sein Kern zerfällt. Es läßt sich lediglich eine Wahrscheinlichkeit für den Zerfall angeben. Eine große Anzahl radioaktiver Atome derselben Art hat hingegen eine bestimmte und charakteristische Umwandlungsgeschwindigkeit. Wie die Erfahrung zeigt, ist die Anzahl der pro Zeiteinheit zerfallenden Atome von allen äußeren Einflüssen, wie beispielsweise Druck, Temperatur und chemischem Bedingungszustand unabhängig. Weiterhin besteht die Tatsache, daß die Umwandlungswahrscheinlichkeit für alle Atome einer Atomart gleich groß ist, d.h. daß die Anzahl der pro Zeiteinheit zerfallenden Atome in einem bestimmten Zeitpunkt proportional der in diesem Zeitpunkt vorhandenen Anzahl Atome ist. Mit anderen Worten

$$(1) \qquad -\frac{dN}{dt} = \lambda \cdot N$$

N = Anzahl der vorhandenen Atome, t = Zeit, λ = Zerfalls- oder Umwandlungskonstante.

Sind zur Zeit $t = 0$, N_0 Atome vorhanden, so ergibt sich aus Gleichung (1) durch Integration:

$$(2) \qquad N = N_0 \cdot e^{-\lambda \cdot t}$$

Diesen Zusammenhang gibt Abbildung 1 wieder.

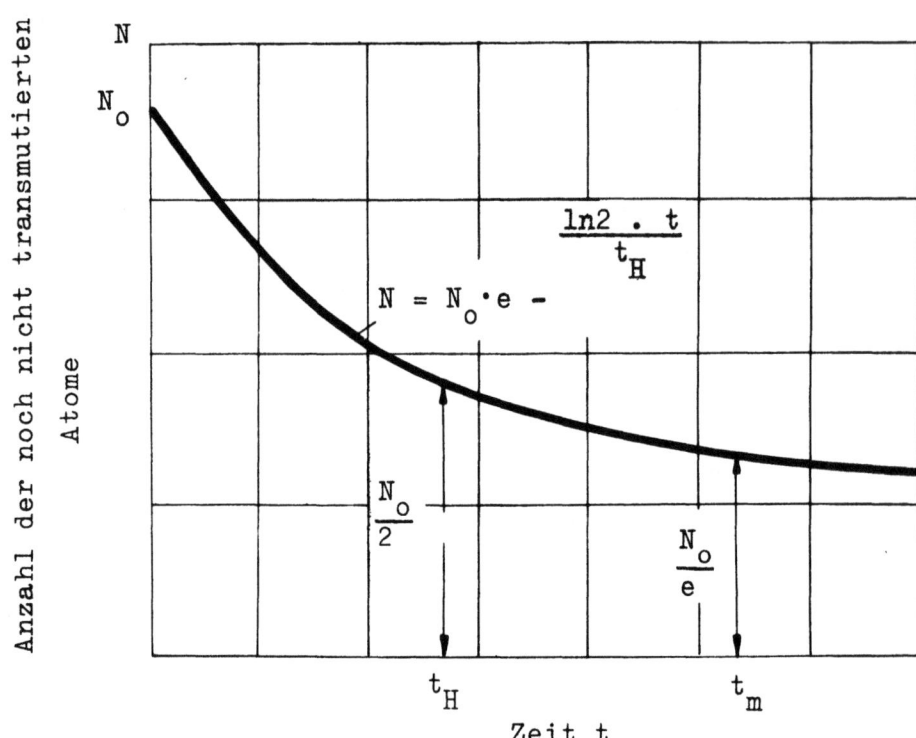

Abbildung 1
Radioaktiver Zerfall

Kennzeichnend für die Zerfallsgeschwindigkeit ist die Halbwertszeit. Darunter versteht man die Zeit, nach welcher eine beliebige Menge einer radioaktiven Atomart zur Hälfte umgewandelt ist.

4. Einheiten für die Radioaktivität

Unter absoluter Aktivität versteht man die Anzahl der Kernumwandlungen pro Zeiteinheit. Man gibt sie an in Transmutationen (Umwandlungen) pro Minute (tpm) oder pro Sekunde (tps). Für stärkere Aktivitäten ist die Curie-Einheit im Gebrauch. Diese Einheit wurde in Anlehnung an das Radium festgelegt. Es ist

$$1 \text{ Curie} = 3{,}7 \cdot 10^{10} \text{ tps}$$

Für γ-strahlende Atomarten - deren Anwendung interessiert in der vorliegenden Arbeit - hat man eine neue Einheit eingeführt: "Röntgen per hour at 1 meter" oder abgekürzt rhm. 1 rhm hat ein γ-strahlendes Präparat also dann, wenn seine Ionisierungsintensität, gemessen in 1 m Entfernung, 1 Röntgen pro Stunde beträgt. Die in Röntgen ausgedrückte Größe

Forschungsberichte des Wirtschafts- und Verkehrsministeriums Nordrhein Westfalen

einer Strahlendosis ist definitionsgemäß unabhängig von der Bestrahlungszeit. Man braucht daneben den Begriff "Dosisleistung", also Strahlendosis pro Zeiteinheit, beispielsweise r/h.

5. Herstellung künstlich radioaktiver Isotope

Man gelangt zu Kernumwandlungen, indem man Atomkerne mit atomaren Geschoßteilchen beschießt. Als solche eignen sich beispielsweise α-Teilchen ($_2^4 \alpha$), Protonen ($_1^1 p$), Deuteronen ($_1^2 D$), Neutronen ($_0^1 n$). Bestrahlungsobjekt - in der angelsächsischen Literatur mit "target" bezeichnet - ist im allgemeinen eine der bekannten 274 stabilen Atomarten. Bestrahlt man ein aus mehreren Isotopen zusammengesetztes Element, so gibt eins dieser Isotope die gewünschte Kernreaktion, während die anderen Isotope zu anderen (unter Umständen unerwünschten) Kernreaktionen führen. In welcher chemischen oder physikalischen Form ein Element bestrahlt wird, spielt für die Kernreaktion selbst keine Rolle. Das folgende Beispiel möge dazu dienen, die Bedeutung der symbolhaften Schreibweise bei solchen Kernreaktionen zu erläutern.

$$(3) \quad _7^{14}N\,(\alpha,\,p)\,_8^{17}O$$

Das bedeutet: das Stickstoffisotop mit der Ordnungszahl 7 und der Massenzahl 14 wird mit α-Teilchen beschossen. Bei der ablaufenden Kernreaktion werden Protonen ausgeschleudert, und es bildet sich das Sauerstoffisotop $_8^{17}O$.

In vielen Fällen ist das entstehende Isotop nicht stabil, sondern wandelt sich weiter um, unter Aussendung der in I.2. beschriebenen Strahlung. In einem solchen Fall spricht man von künstlich radioaktiven Isotopen.

Die für die Herstellung radioaktiver Atomarten wichtigsten Projektile sind die Neutronen. Da die Neutronen ungeladen sind, können sie leicht in Atomkerne, auch die schwersten, eindringen, während die Reaktionen mit geladenen Projektilpartikeln mit steigender Ladung (Ordnungszahl) des target-Kernes erschwert werden. Die Neutronen ihrerseits erzeugt man durch geeignete Kernreaktionen in Zyklotronen oder Kernreaktoren. Weil wir in Deutschland zur Zeit nicht über derartige Einrichtungen verfügen, werden unsere Bestrahlungsobjekte über die Isotopenverteilungsstelle Göttingen nach England geschickt und beispielsweise in Harwell im Atommeiler (pile)

Bepo der "Bombardierung" durch Neutronen ausgesetzt. Der dabei benutzte Neutronenfluß beträgt normalerweise 10^{10} bis 8×10^{11} Neutronen pro cm^2 und Sekunde.

6. Geiger-Müller-Zählrohre

Ein wichtiges Nachweismittel für Radioaktivität ist das Geiger-Müller-Zählrohr. Es stellt eine Weiterentwicklung des Geiger'schen Spitzenzählers dar. Man macht dabei Gebrauch von der Tatsache, daß α-, β- und γ-Quanten in der Lage sind, Gase zu ionisieren. Der prinzipielle Aufbau eines solchen Zählrohres ist folgender: In einem metallischen Zylinder ist isoliert davon und koaxial angeordnet ein dünner Draht ausgespannt. Zwischen Draht und Zylinder liegt eine hohe Spannung, so daß fast eine selbständige Glimmentladung einsetzt. Dringt nun ein ionisierendes Teilchen in den Zylinder ein, so werden auf seinem Wege durch Stoßionisation Elektronen freigemacht. Das elektrische Feld zwischen Zylindermantel und Zähldraht beschleunigt diese Elektronen zum positiven Draht hin. Bei ihrer Bewegung nach dort ionisieren die Elektronen ihrerseits weitere Gasmoleküle. Das geschieht besonders in der Nähe des Zähldrahtes, wo eine sehr hohe Feldstärke herrscht. Auf diese Weise erfolgt das Anwachsen der Elektronenzahl lawinenartig, und man spricht von einer Elektronenlawine. Die Folge davon ist ein Spannungsdurchbruch. Er macht sich als Spannungsstoß an einem Außenwiderstand bemerkbar, der mit dem Zähldraht in Serie geschaltet ist. Durch geeignete Mittel wird erreicht, daß die Entladung sofort wieder abreißt, um das Zählrohr für das nächste Quant aufnahmebereit zu machen. Abbildung 2 zeigt ein sogenanntes Glockenzählrohr.

Kennzeichnend für ein Zählrohr ist die sogenannte Zählrohrcharakteristik, bei welcher über der Zählrohrspannung die Impulsfrequenz aufgetragen wird. Bei unseren Untersuchungen wird im nahezu waagerechten Teil der Charakteristik, im Auslösebereich, gearbeitet. Das macht von geringen Spannungsschwankungen unabhängig.

7. Gefahren und Schutzmaßnahmen beim Umgang mit radioaktiven Substanzen

Alle radioaktiven Stoffe senden dauernd Strahlen aus, die bei zu starker, zu langer und zu häufiger Einwirkung biologische Schädigungen hervorrufen. Man unterscheidet:

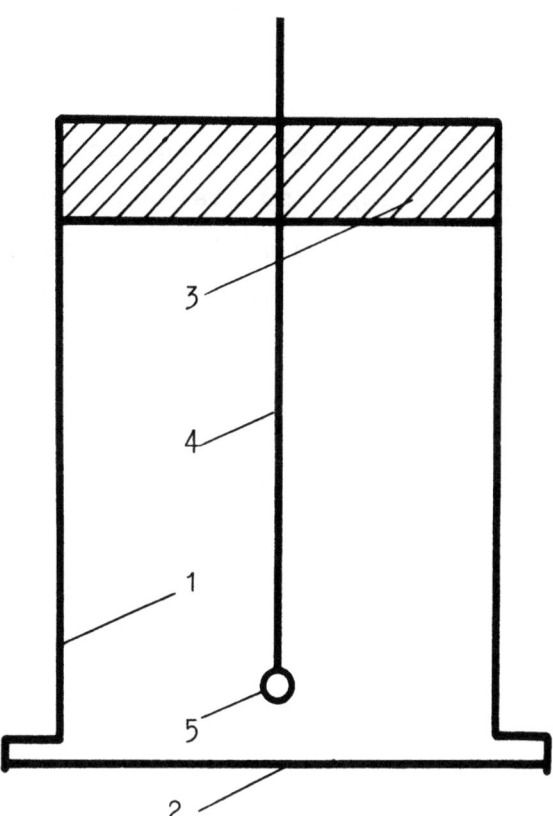

Abbildung 2

Glockenzählrohr (schematisch)

1 Zylinderwand
2 Glimmerfenster
3 Isolierstopfen
4 Zähldraht
5 Glasperle

1) Substanzen, die nur leicht absorbierbare Korpuskularstrahlen (α - oder β -Strahlen) aussenden

2) Substanzen, bei deren Zerfall durchdringende Strahlen elektro-magnetischer Art (γ -Strahlen) auftreten. Dabei werden in den meisten Fällen auch die unter 1) genannten Korpuskularstrahlen emittiert.

α -Strahlen dringen nur in die obersten Hautschichten ein. Die β -Strahlen der radioaktiven Substanzen werden in Gewebeschichten von weniger als 1 cm Dicke vollständig absorbiert. Da sie hierbei ihre gesamte Energie abgeben, sind sie biologisch besonders gefährlich. Andererseits sind zu ihrer Abschirmung verhältnismäßig dünne Schutzschichten ausreichend. Das Durchdringungsvermögen der γ -Strahlen übertrifft das der üblichen Röntgenstrahlen meist erheblich. Zu ihrer Abschirmung sind daher sehr dicke Schutzschichten erforderlich.

Da die Strahlendichte mit dem Quadrat der Entfernung von der Strahlenquelle abnimmt, kann man sich gegen zu starke Strahleneinwirkung von außen weitgehend durch Einhalten eines möglichst großen Abstandes von der Strahlenquelle schützen. Das veranschaulicht Abbildung 3.

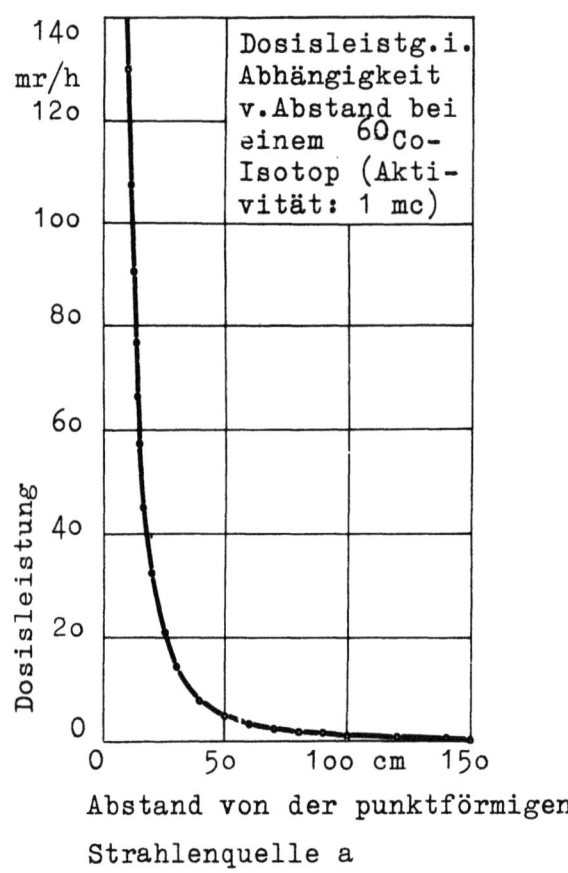

A b b i l d u n g 3
Zusammenhang zwischen Abstand und Dosisleistung

In dieser Abbildung ist für ein Kobalt-60-Präparat von 1 mc Aktivität die Dosisleistung der ausgesandten Strahlung als Funktion der Entfernung aufgetragen.

Die Schutzmaßnahmen sind so zu treffen, daß beim Arbeiten mit radioaktiven Substanzen eine gewisse Dosis an der Oberfläche des Körpers nicht überschritten wird. Man bezeichnet diese Dosis als Toleranzdosis. Nach neuesten Festlegungen - Londoner Empfehlungen von 1950 - beträgt die zulässige Wochendosis für die Körperoberfläche 300 Milliröntgen (mr). Für Hände und Unterarme sind 1,5 Röntgen zugelassen. Die Toleranzdosis kann man einhalten, indem man einen entsprechenden Abstand wählt (s. Abb. 3). Wo das nicht möglich ist, müssen Schutzschichten (z.B. aus Blei) benutzt werden. Die nachstehenden Tabellen geben einen Überblick über die Wirksamkeit von Bleischichten bei einigen γ-Strahlern.

Tabelle 1.a

Isotop	Aktivität	Dosisleistung in 1 m Abstand in mr/h bei einer Bleischichtdicke von			
		1 cm	2 cm	5 cm	8 cm
^{60}Co	100 mc	81	46	13,5	4
^{182}Ta	100 mc	36	20,5	4,7	1,5
^{192}Ir	100 mc	2,7	1,0		

Tabelle 1 b

Isotop	Notwendige Schichtdicke Blei, um die Intensität zu reduzieren auf	
	50 %	10 %
^{60}Co	13,0 mm	50,8 mm
^{182}Ta	12,7 mm	45,7 mm
^{192}Ir	2,03 mm	10,7 mm

II. Versuchsdurchführung

Nachdem in Teil I über einige Tatsachen berichtet wurde, die den physikalischen Hintergrund der radioaktiven Verschleißmessung bilden und für deren Verständnis unerläßlich sind, soll in den nachfolgenden Abschnitten die Anwendung des Verfahrens sowie die Deutung der erzielten Versuchsergebnisse geschildert werden.

1. Prinzip der Messung

Der Drehversuch wird mit aktivierten Hartmetallwerkzeugen durchgeführt. Wie bereits eingangs erwähnt wurde, haften über 90 % der Verschleißpartikel des Werkzeuges an den Drehspänen. Man greift bei allen Drehversuchen die gleiche Menge von Spänen heraus, die man in gleicher Geometrie um ein Zählrohr - in unserem Falle ein Gamma-Zählrohr - anordnet. Die im Zählrohr entstehenden Impulse werden an ein Zählgerät weitergegeben und dort registriert. Die Anzahl der pro Zeiteinheit gezählten Impulse ist ein Maß für das abgeriebene Hartmetallvolumen. Man ist also so in der Lage, vergleichende, relative Verschleißmessungen auszuführen.

2. Vorbereitung und Aktivierung der Hartmetallplättchen

Bei der Wahl der Abmessungen der Plättchen lagen folgende Überlegungen zugrunde: sie mußten möglichst klein sein, weil die Aktivierungskosten sich nach dem Gewicht des zu bestrahlenden Objektes richten. Um eine genügend hohe Radioaktivität der Drehspäne zu erhalten, wird eine gewisse spezifische Aktivität (auf die Gewichtseinheit bezogene Aktivität) des Hartmetalls gefordert. Große Plättchengewichte bringen darum große Gesamtaktivitäten mit sich und gefährden somit das Personal.

Auch dieser Gesichtspunkt führte also zur Wahl möglichst kleiner Plättchen. Aus diesen Gründen wurden Plättchen benutzt, die unbearbeitet 10 mm x 10 mm x 3 mm maßen. Um eine bestimmte Schnittgeometrie zu erhalten und sie in einem Spezialstahlhalter mit Klemmvorrichtung einspannen zu können, war eine Bearbeitung erforderlich. Durch Läppen der Spanfläche und der vier Freiflächen bekamen die Plättchen die Form abgestumpfter Pyramiden mit quadratischen Grundflächen, Abbildung 4 zeigt ein bearbeitetes Plättchen, Abbildung 5 den Stahlhalter mit bearbeitetem und unbearbeitetem Plättchen.

Die übliche Auflötung der aktivierten Hartmetalle auf Stahlhalter schied aus, weil dadurch nur eine Schneidkante benutzt werden kann - ein Nachschleifen empfiehlt sich wegen der damit verbundenen Gefahren nicht - und außerdem das Auflöten der aktivierten Plättchen nicht ungefährlich ist. Bei unserer Form der Plättchen und der Art ihrer Befestigung im Stahlhalter können im Rechts- und Linkszug alle vier Kanten verwendet

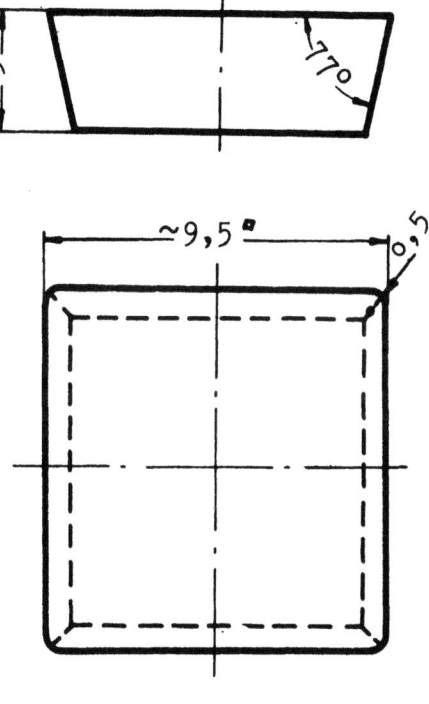

Abbildung 4
Form der geläppten Hartmetallplättchen

Abbildung 5
Klemmvorrichtung für radioaktive Hartmetallplättchen

werden. Für unsere Versuche benutzten wir Hartmetallsorten, deren Zusammensetzung aus der nachstehenden Tabelle ersichtlich ist.

Tabelle 2

Hartmetallsorte	Co %	TiC %	TaC %	WC %
STi 1	6	14	2	78
STi 2	8	12	2	78
STi 3	8,5	6	2	83,5

In Verbindung mit der Lage der Aussparungen im Stahlhalter ergab sich die in Abbildung 6 dargestellte Schneidengeometrie

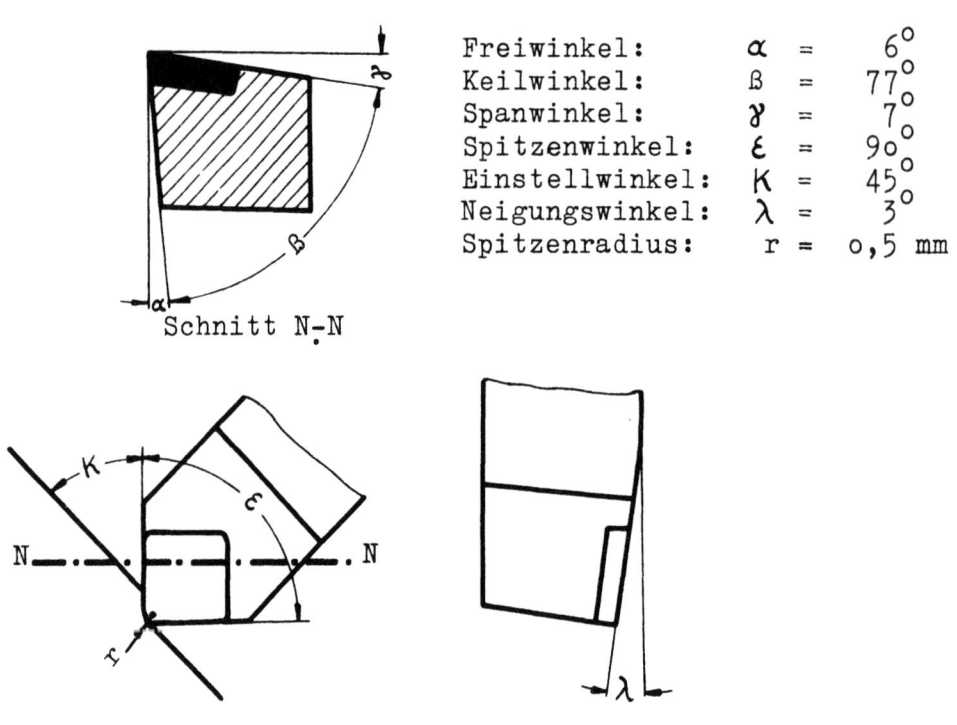

Freiwinkel: $\alpha = 6°$
Keilwinkel: $\beta = 77°$
Spanwinkel: $\gamma = 7°$
Spitzenwinkel: $\varepsilon = 90°$
Einstellwinkel: $\kappa = 45°$
Neigungswinkel: $\lambda = 3°$
Spitzenradius: $r = 0,5$ mm

Abbildung 6
Schneidengeometrie bei den Drehversuchen
mit aktivierten Hartmetallplättchen

Alle diese Bestandteile eignen sich sehr gut für die Verwendung als Target-Material in einem Atombrenner. Als Neutronenquelle diente der bereits erwähnte Atommeiler BEPO in Harwell in England. Die Bestrahlung wurde mit einer Neutronenflußdichte von 3×10^{11} Neutronen /cm² sec eine Woche bzw. vier Wochen ausgeführt. Dabei liefen folgende im Hinblick auf unsere Anwendung wesentlichen Kernreaktionen ab:

$$^{59}_{27}\text{Co}\,(n,\gamma)\,^{60}_{27}\text{Co}, \quad ^{181}_{73}\text{Ta}\,(n,\gamma)\,^{182}_{73}\text{Ta}$$

$$^{50}_{22}\text{Ti}\,(n,\gamma)\,^{51}_{22}\text{Ti}, \quad ^{184}_{74}\text{W}\,(n,\gamma)\,^{185}_{74}\text{W}$$

$$^{186}_{74}\text{W}\,(n,\gamma)\,^{187}_{74}\text{W}$$

Das hochaktive Wolframisotop $^{187}_{74}$W, welches besonders umfangreiche Schutzmaßnahmen erfordert, war allerdings nach einigen Tagen Lagerung und dem Rücktransport nicht mehr wirksam, weil seine Halbwertszeit nur 24,1 Stunden beträgt. Die folgende Tabelle gibt einen Überblick über Halbwertszeit, Art und Energie der Strahlung der aufgeführten Isotope sowie den Wirkungsquerschnitt ihrer Ausgangsisotope bei Beschießung mit Neutronen.

Tabelle 3

Isotop	Halbwertszeit	Strahlung Energie in MeV β	γ	Wirkungsquerschnitt in barns (10^{-24} cm²)
^{60}Co	5,3 Jahre	0,308	1,17 / 1,33	29,6
^{182}Ta	120 Tage	0,5	1,13 / 1,22	20,6
^{51}Ti	72 Tage	0,36	1,0	0,00208
^{185}W	76 Tage	0,69 / 0,48	0,13	0,645
^{187}W	24,1 Stunden	1,33 / 0,63	0,69 / 0,62	10,2

Legt man eine Bestrahlungsdauer von 1 Woche bei einer Neutronenflußdichte von $3 \cdot 10^{11}$ Neutronen /cm² sec zugrunde, so ergeben sich durch Berechnung bei den einzelnen Isotopen die spezifischen Aktivitäten (bezogen auf 1 gr des entsprechenden Elementes) in Tabelle 4. Weiter gibt diese Tabelle die absoluten Aktivitäten der einzelnen Bestandteile eines bestrahlten

Hartmetalles der Sorte STi 3, wenn man das Gewicht des Plättchens mit 3 gr ansetzt.

Tabelle 4

Isotop	spez. Aktivität mc / gr	Abs. Aktivität eines Hartmetallplättchens STi 3 (3 gr) mc
^{60}Co	6,3	1,6
^{182}Ta	15,6	0,87
^{51}Ti	0,0102	-
^{185}W	0,81	1,9
^{187}W	270	635,0

Um mit geringen Schutzmaßnahmen auszukommen, wurde eine Gesamtaktivität von maximal 15 Millicurie zugelassen. Diese ergibt sich nach Abklingen der Aktivität von W - 187 bei einer Bestrahlungsdauer von 4 Wochen mit der oben angegebenen Neutronenflußdichte. Aus diesen Erwägungen heraus wurden einige Plättchen 1 Woche, andere 4 Wochen, bestrahlt.

3. Durchführung der Versuche

Bei allen Versuchen blieb der Drehmeißel jeweils eine halbe Minute im Eingriff. Diese Zeit erwies sich als günstig, weil bei allen Schnittbedingungen innerhalb dieses Zeitintervalls genügend Späne anfielen, um mehrere Proben zu entnehmen. Dabei betrug die Gesamtdrehzeit je Versuch durchschnittlich 5 Minuten. Die zu untersuchenden Späne wurden eingesammelt und danach die Drehbank von verbliebenen Spänen sorgfältig gereinigt.

Ergaben sich zusammenhängende Fließspäne - Funktion der Schnittbedingungen und des Verschleißzustandes - so wurden diese zunächst zerkleinert. Von den vorliegenden Proben wurden jeweils 35 gr entnommen und mit einer bestimmten Menge Sägemehl gut vermischt.

Auf diese Weise konnte erreicht werden, daß das Gemisch Späne - Sägemehl in dem benutzten Becherglas mit ringförmigem Querschnitt stets das gleiche Volumen einnahm und außerdem eine gleichmäßige Verteilung der Späne erzielt wurde. Damit ergab sich eine nahezu eindeutige Geometrie bezüglich der Anordnung Zählrohr - aktive Späne, was für eine reproduzierbare vergleichende Messung unerläßlich ist. Kontrollversuche bestätigten die Brauchbarkeit dieses Verfahrens. Abbildung 7 zeigt das γ- Zählrohr, welches in die in Sägemehl eingebetteten Späne eintaucht.

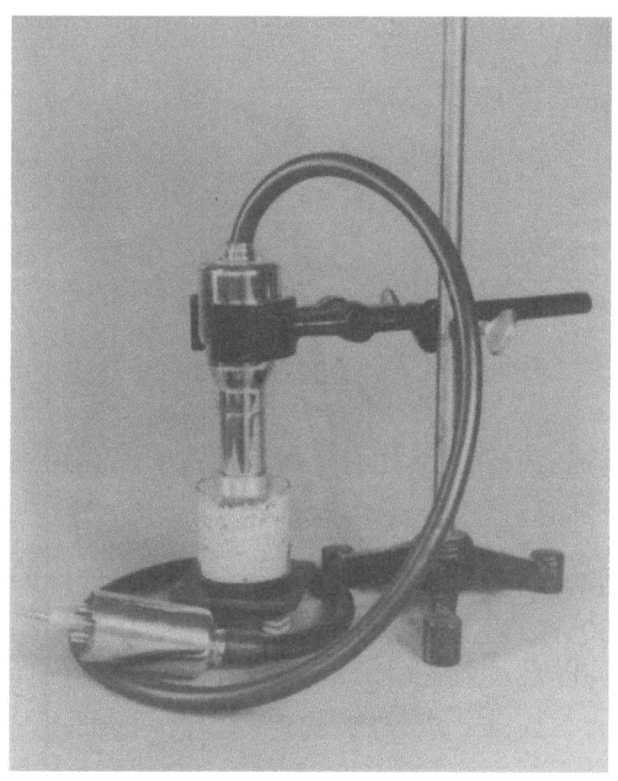

A b b i l d u n g 7
Zählrohr mit radioaktiven Spänen

In Abbildung 8 sieht man die gesamte Meßanordnung, links das Zählrohr, in der Mitte das Zählgerät, welches die vom Zählrohr abgegebenen Impulse registriert und rechts den sogenannten Integrator, welcher die jeweilige Impulsfrequenz in Impulsen pro Minute anzeigt.

Weiterhin empfahl es sich als zweckmäßig, besonders bei nur geringen Spanaktivitäten, den Nulleffekt herunterzudrücken. Dieser Effekt - in der angelsächsischen Literatur als "background effect" bezeichnet - entsteht durch das Eindringen der kosmischen Höhenstrahlung, einer sehr energie-

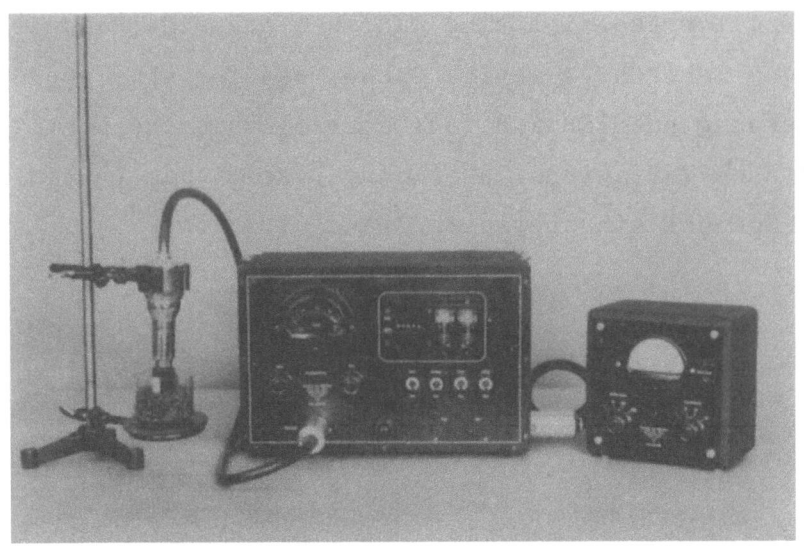

Abbildung 8
Gesamte Zählanordnung

reichen Korpuskularstrahlung aus dem Weltenraum und durch radioaktive Elemente in der Erdoberfläche.

Dieser Nulleffekt betrug unter den vorliegenden Betriebsbedingungen (Spannung am Zählrohr: 1350 Volt) bei unserem Gamma-Zählrohr etwa 45 Impulse pro Minute (Ipm). Durch Abschirmung des Zählrohres mit über 20 mm starken Bleiplatten gelang es, diesen Effekt auf ca. 20 Ipm zu senken.

4. Versuchsergebnisse

Die ersten Versuche (Geschwindigkeitsreihe) wurden mit einem aktivierten Hartmetall der Sorte STi 3 durchgeführt. Der Vorschub betrug 0,2 mm/Umdrehung, die Schnittiefe 1,5 mm. Bei diesen Schnittbedingungen wurde mit Geschwindigkeiten von 200 m/min, 150 m/min und 100 m/min gefahren. Der benutzte Werkstoff war ein normalisierter Stahl C 68 mit folgenden Eigenschaften:

Tabelle 5

Gefüge: Perlit und Ferrit
Zusammensetzung:

C	Si	Mn	P	S
0,68 %	0,22 %	0,56 %	0,113 %	0,028 %

Forschungsberichte des Wirtschafts- und Verkehrsministeriums Nordrhein Westfalen

Festigkeitsverhalten:

σ_{so}	σ_{su}	σ_B	δ_s	ψ
43,9 kg/mm^2	43,5 kg/mm^2	84,8 kg/mm^2	13,0 %	15,4 %

Spanproben von jeweils 35 gr wurden entnommen von $0 - 0^{30}$min, $0^{30}- 1^{00}$min, $1^{30} - 2^{00}$ min, $2^{30} - 3^{00}$ min usw. Die anfallenden Späne wurden, wenn nötig, zerkleinert und in der bereits beschriebenen Weise mit Sägemehl vermischt um das γ-Zählrohr angeordnet. Die Zähldauer richtete sich nach der Häufigkeit der Aufeinanderfolge der einzelnen Impulse. Der statistische Fehler bei der Zählung ist nämlich umgekehrt proportional der Wurzel aus den gezählten Impulsen, d.h. je mehr Impulse man zählt, umso kleiner ist dieser Fehler. Um ihn bei allen Messungen auf dem gleichen Wert zu halten, war unterschiedliche Zähldauer zwischen etwa 10 min und 20 min erforderlich.

Aus gezählten Impulsen und zugehöriger Zähldauer ergibt sich die Anzahl der Impulse pro Zeiteinheit, die Impulsfrequenz. Von dieser wurde jeweils die Impulsfrequenz des Nulleffektes abgezogen. Diese Differenz stellt dann die Impulsfrequenz der Verschleißpartikel an den Spänen dar. Standen von einer Spansorte, d.h. von den Spänen, die innerhalb des gleichen Zeitintervalls entnommen wurden, mehrere 35 gr-Proben zur Verfügung, so wurde der Mittelwert ihrer Ergebnisse eingesetzt. Schließlich ergab sich durch Umrechnung aus der Impulsfrequenz der Verschleißpartikel an den Spänen die spezifische Spanaktivität, d.h. die auf ein Gramm Späne bezogene Impulsfrequenz der Verschleißteilchen in Ipm/gr. Da die Aktivität einer bestimmten Menge von Drehspänen proportional ist dem von diesen Spänen abgenommenen Hartmetallvolumen, sind die Werte in Ipm/gr ein direktes Maß für den spezifischen Volumenverschleiß, d.h. den auf ein Gramm Späne bezogenen Volumenverschleiß des Hartmetalls.

In Abbildung 9 sind die spezifischen Spanaktivitäten der Schnittgeschwindigkeitsreihe über der Drehzeit aufgetragen. Parameter ist die Geschwindigkeit. Eine befriedigende Erklärung der beiden "Ausreißer" bei 100 m/min Schnittgeschwindigkeit konnte bisher nicht gefunden werden. Weil nach längerer Lagerung der Plättchen das Kobalt auf Grund seiner großen Halbwertszeit (5,3 Jahre) der Hauptträger der Aktivität ist und möglicherweise nicht vollkommen feinkörnig und homogen im Hartmetall verteilt ist, wäre

Seite 21

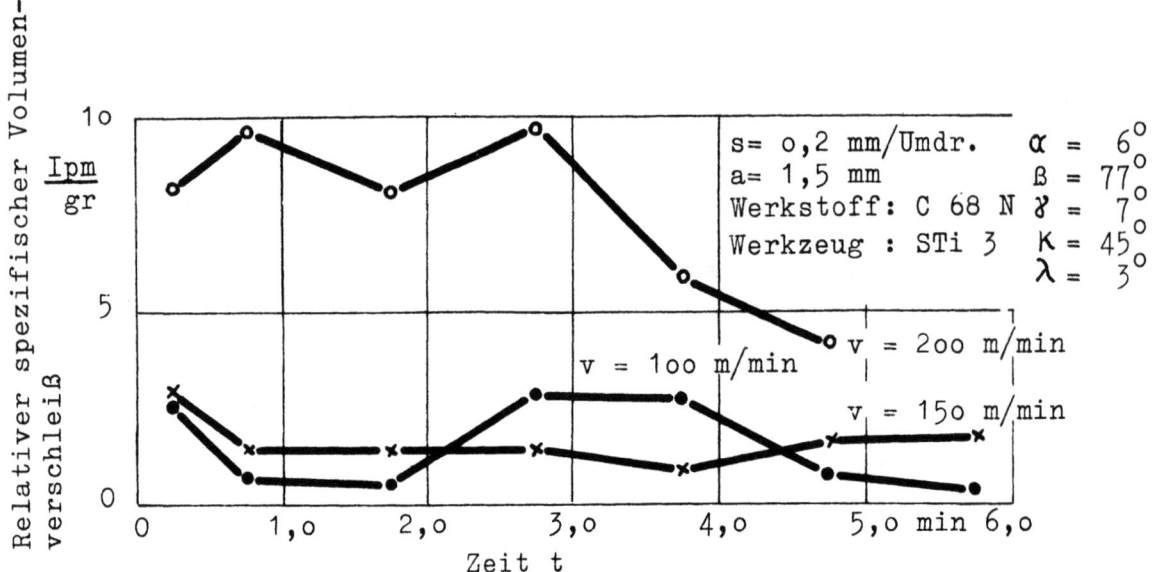

Abbildung 9

Relativer spezifischer Volumenverschleiß (Freifläche und Spanfläche) bei verschiedenen Scnittgeschwindigkeiten als Funktion der Drehzeit

es denkbar, daß in diesen beiden Fällen größere Kobaltteilchen herausgerissen worden sind, die den plötzlichen Anstieg der spezifischen Spanaktivität bei 100 m/min hervorgerufen haben.

Aus den Schnittbedingungen läßt sich ermitteln, welches Spangewicht in dem betreffenden Drehprozeß pro Zeiteinheit anfällt. So ergibt sich beispielsweise bei v = 200 m/min, s = 0,2 mm/U, a = 1,5 mm, das pro Minute zerspante Volumen zu

$$2 \cdot 10^4 \cdot 2 \cdot 10^{-2} \cdot 1,5 \cdot 10^{-1} \text{ cm}^3/\text{min} = 60 \text{ cm}^3/\text{min}$$

und damit das Spangewicht pro Minute zu

$$60 \text{ cm}^3/\text{min} \cdot 7,8 \text{ gr}/\text{cm}^3 = 468 \text{ gr}/\text{min}.$$

Die Summenkurven in Abbildung 10 wurden nun folgendermaßen gewonnen: Aus Abbildung 9 wurde in Zeitintervallen von einer halben bzw. einer Minute der Mittelwert der spezifischen Spanaktivität in diesem Intervall entnommen und mit dem in dieser Zeit und bei der entsprechenden Schnittgeschwindigkeit anfallenden Spangewicht multipliziert. Als Dimension ergibt sich:

$$\frac{\text{Ipm}}{\text{gr}} \cdot \text{gr} = \text{Ipm}$$

Diese Werte wurden dann fortlaufend von t = 0 bis zum Ende der Drehzeit aufsummiert und in Abbildung 10 eingetragen. Die dort wiedergegebenen Ordinatenwerte in Ipm stellen also bis auf einen Proportionalitätsfaktor, der für alle Kurven der gleiche ist, das zu jeder Zeit insgesamt abgeriebene Hartmetallvolumen dar.

Auffallend ist der große Volumenverschleiß bei einer Schnittgeschwindigkeit von 200 m/min. Das Verfahren erweist sich hier als sehr brauchbar, das Umschlagen der Verschleißform festzustellen. Im Gegensatz zu den Verschleißformen bei 100 m/min und 150 m/min konnte bei 200 m/min eine ausgesprochen starke Kolkbildung beobachtet werden.

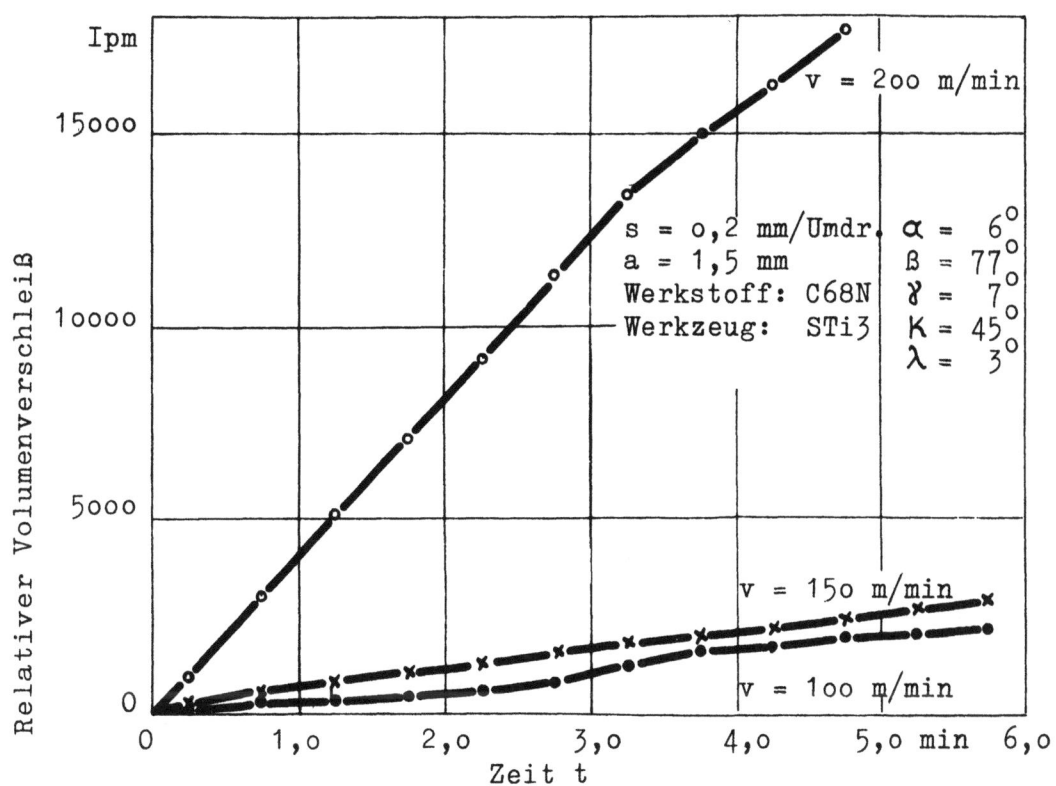

A b b i l d u n g 10

Relativer Volumenverschleiß (Freifläche + Spanfläche) bei verschiedenen Schnittgeschwindigkeiten als Funktion der Drehzeit

Im folgenden wurde das Verschleißverhalten eines Hartmetallwerkzeuges der Sorte STi 3 bei zwei verschiedenen Vorschüben untersucht. Die Schnittbedingungen waren: v = 150 m/min, a = 1,5 mm, der Vorschub betrug s = 0,32 mm/Umdrehung bzw. s = 0,16 mm/U. Als Werkstoff wurde wiederum ein normalisierter Stahl C 68 benutzt. Auch hier deutete das Meßergebnis einen

Umschlag an, der beim größeren Vorschub zu starker Kolkbildung hin bereits nach 1,5 Minuten tatsächlich beobachtet werden konnte. Von diesem Zeitpunkt an bildeten sich statt zusammenhängender Fließspäne nunmehr kurze Fließspäne. Abbildungen 11 und 12 zeigen relativen spezifischen Volumenverschleiß und relativen Volumenverschleiß in Ipm/gr bzw. Ipm dieser Versuchsreihe als Funktion der Drehzeit.

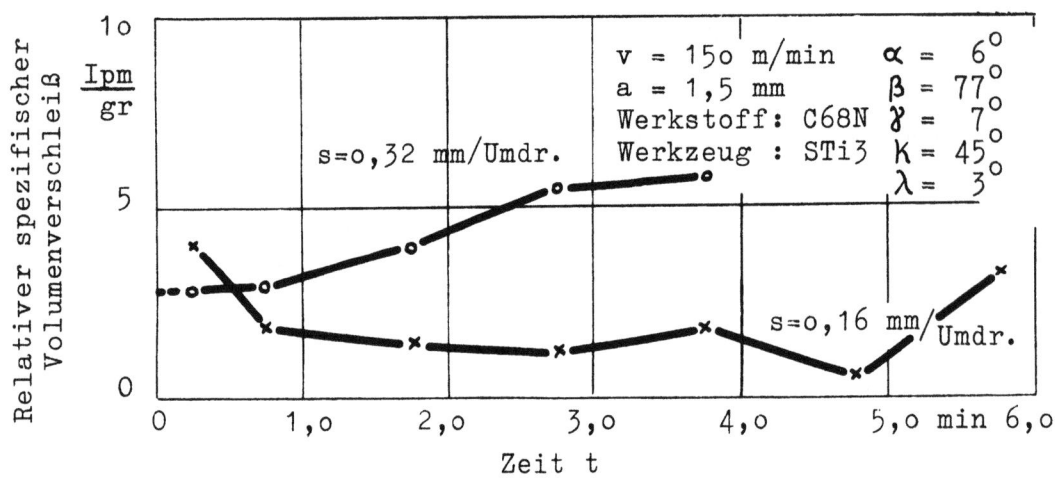

Abbildung 11

Relativer spezifischer Volumenverschleiß (Freifläche + Spanfläche) bei verschiedenen Vorschüben als Funktion der Drehzeit

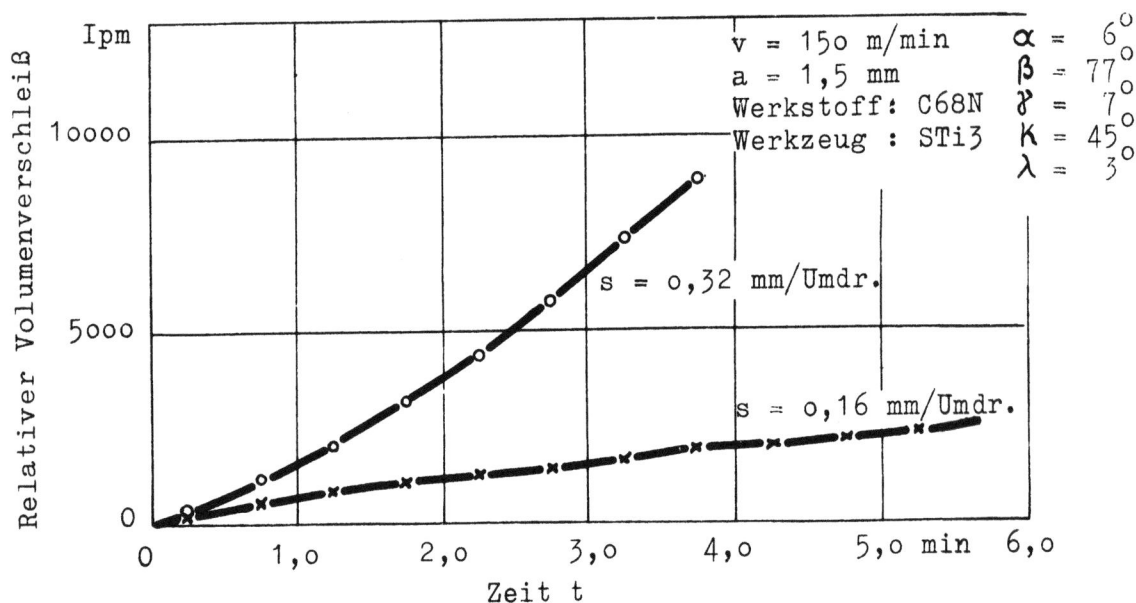

Abbildung 12

Relativer Volumenverschleiß (Freifläche und Spanfläche) bei verschiedenen Vorschüben als Funktion der Drehzeit

Der in Abbildung 12 erkennbare große Unterschied des Verschleißvolumens ist, wie bereits oben erwähnt, durch die starke Kolkbildung bei s = 0,32 mm/U bedingt.

In der folgenden Versuchsreihe wurden unter gleichen Schnittbedingungen bei der Zerspanung von normalisiertem Stahl C 68 zwei Hartmetallsorten STi 3 und STi 1 untersucht. Die Schnittbedingungen: v = 180 m/min, s = 0,2 mm/U, a = 1,5 mm. Um einen Vergleich der beiden Messungen durchführen zu können, wurden die Impulsfrequenzen beider Hartmetallplättchen in gleicher Geometrie bestimmt. Es ergab sich:

STi 1 : 110 Ipm   STi 3 : 209 Ipm

Setzen wir voraus, daß beide Plättchen etwa gleiches Volumen besitzen - das ist in guter Annäherung erfüllt - so müssen die Werte, die sich beim weniger aktiven Hartmetall STi 1 ergeben, mit $\frac{209}{110}$ = 1,9 multipliziert werden. Abbildungen 13 und 14 zeigen relativen spezifischen und relativen Volumenverschleiß der Werkzeugreihe, wobei die Ergebnisse an STi 1 bereits mit dem Faktor 1,9 korrigiert sind. Der große Volumenverschleiß beim Werkzeug STi 3 ist wieder bedingt durch starke Kolkbildung bei dieser Hartmetallsorte.

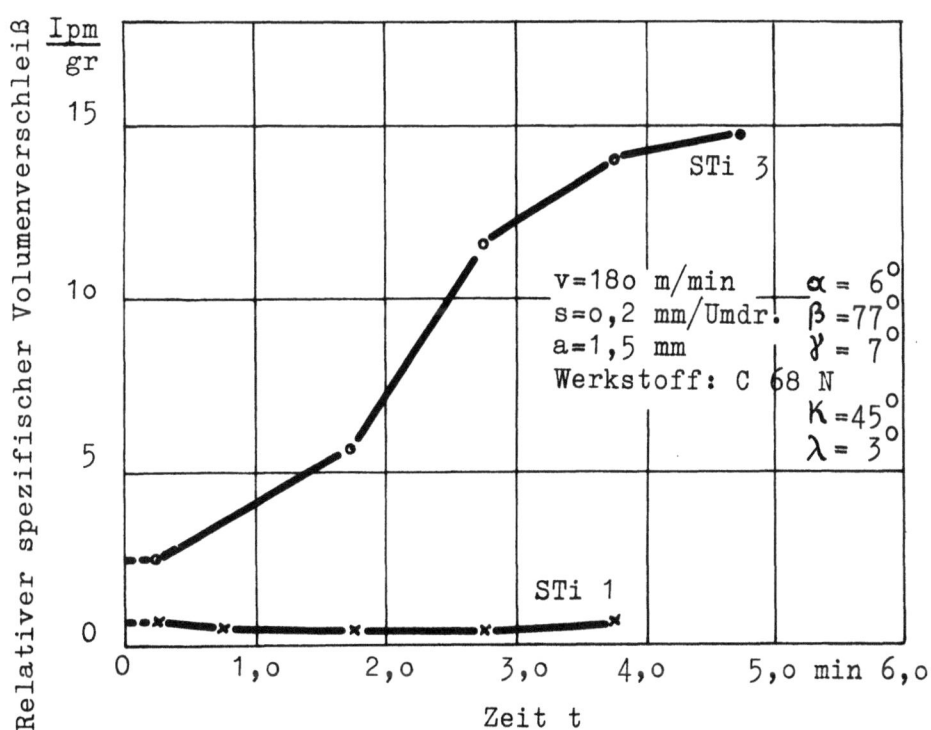

Abbildung 13

Relativer spezifischer Volumenverschleiß (Freifläche und Spanfläche) bei verschiedenen Hartmetallwerkzeugen als Funktion der Drehzeit

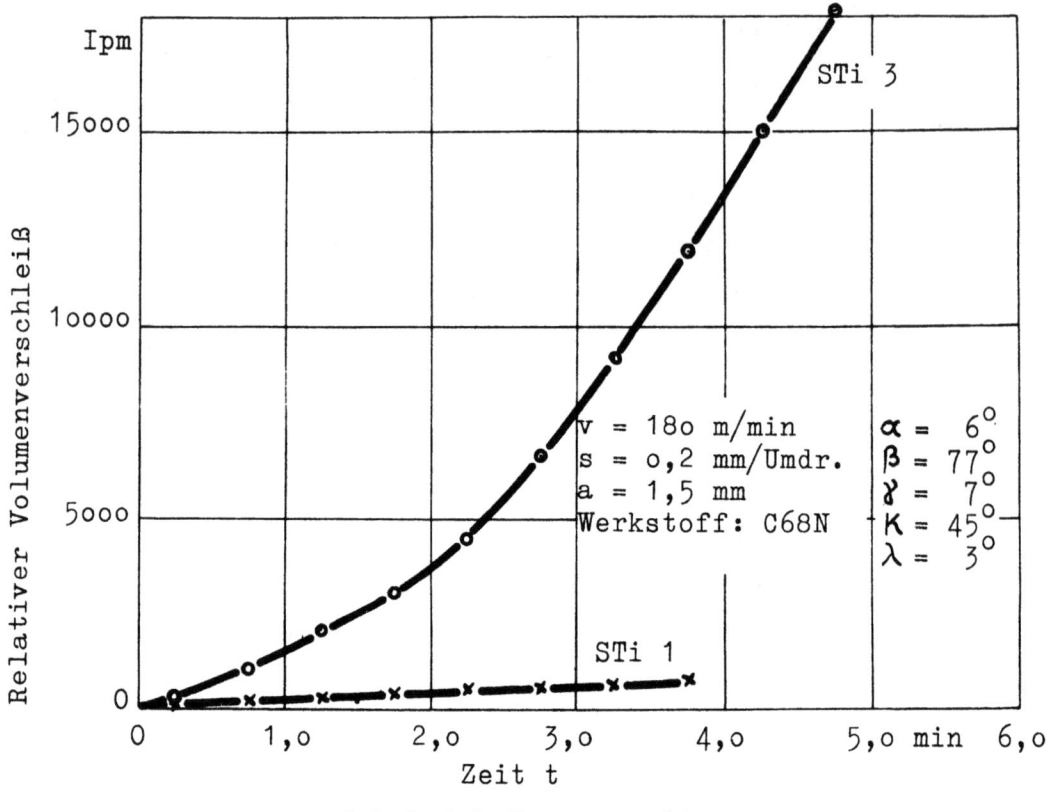

Abbildung 14

Relativer Volumenverschleiß (Freifläche und Spanfläche) bei verschiedenen Hartmetallwerkzeugen als Funktion der Drehzeit

In der abschließenden Versuchsreihe sollte die Zerspanbarkeit eines Werkstoffes in zwei verschiedenen Gefügezuständen untersucht werden. Hierzu wurde ein Stahl C 45 gewählt, der einmal vergütet und einmal normalisiert vorlag. Zusammensetzung und Festigkeitseigenschaften ergeben sich aus der nachstehenden Tabelle.

Die Schnittbedingungen waren: v = 150 m/min, s = 0,2 mm/U, a = 1,5 mm. Als Werkzeug diente ein Hartmetallplättchen der Sorte STi 3. Der Volumenverschleiß des Hartmetalls beim Zerspanen des vergüteten Stahles C 45 verhielt sich zu dem beim Zerspanen von normalisiertem Stahl C 45 etwa wie 2 : 1. Die Ergebnisse der Gefügereihe sind in den Abbildungen 15 und 16 dargestellt. Auffallend ist die große spezifische Spanaktivität in beiden Fällen innerhalb des ersten Zeitintervalls von 0 - 0^{30} min. Auch hier ist vermutlich das Herauslösen von Kobaltteilchen aus dem Hartmetall die Ursache.

Es galt in dieser Arbeit, eine Versuchsmethodik zu entwickeln und die Brauchbarkeit des Verfahrens der radioaktiven Verschleißmessung in einigen

Forschungsberichte des Wirtschafts- und Verkehrsministeriums Nordrhein Westfalen

Tabelle 6

Werkstoff: Stahl C 45 normalisiert und vergütet

Zusammensetzung:

C	Si	Mn	P	S	Cu	Cr
0,47 %	0,25 %	0,69 %	0,051 %	0,023 %	0,17 %	0,31 %

Festigkeitseigenschaften:

	σ_{so} kg/mm²	σ_{su} kg/mm²	σ_B kg/mm²	δ_5 %	ψ %	α_K mkg/cm²	HB
vergütet	57,8	56,6	86,0	13,0	48,3	6,6	255
	60,5	56,7	86,0	17,6	48,3	6,4	249
normalisiert	37,0	36,4	73,0	17,4	43,8	2,8	187
	36,3	36,0	73,3	19,2	36,0	1,7	187

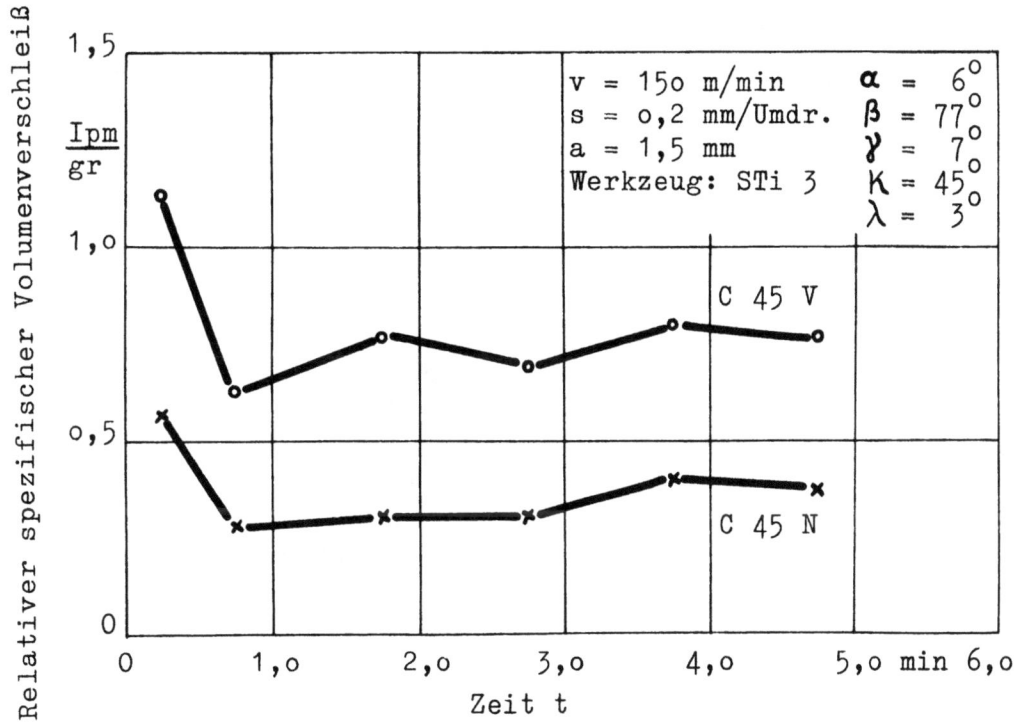

Abbildung 15

Relativer spezifischer Volumenverschleiß (Freifläche + Spanfläche) bei zwei Gefügezuständen des gleichen Werkstoffes

Versuchsreihen zu untersuchen. Die Ergebnisse sind in diesem Sinne als durchaus positiv anzusprechen. Da für das Standzeitverhalten eines Werkzeuges je nach den Zerspanungsbedingungen und den Forderungen an das

Forschungsberichte des Wirtschafts- und Verkehrsministeriums Nordrhein Westfalen

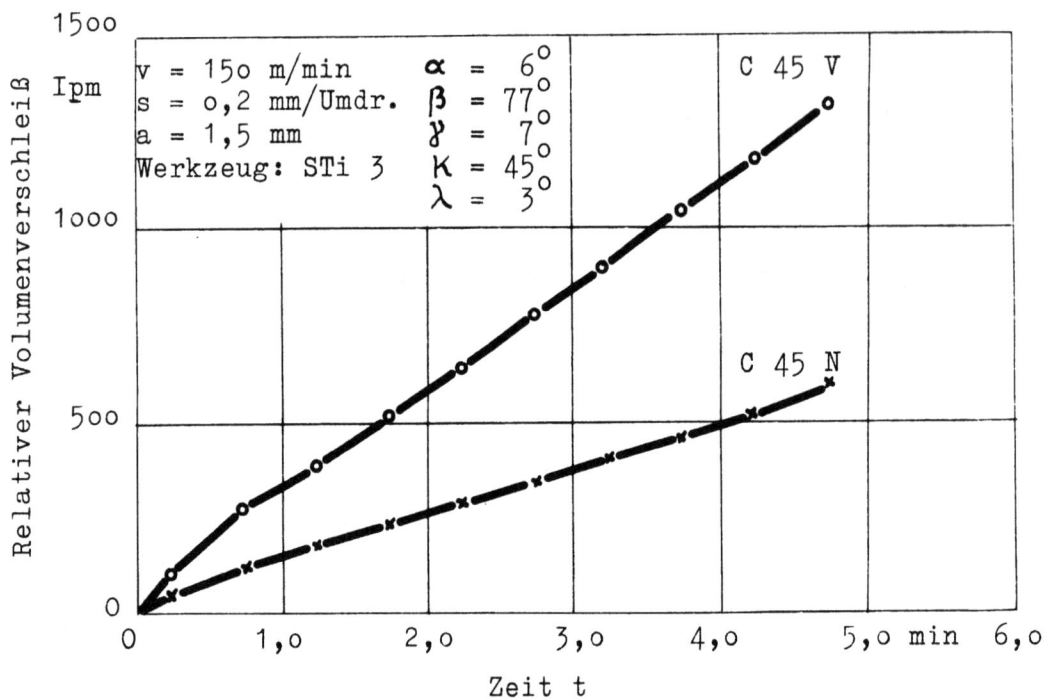

Abbildung 16

Relativer Volumenverschleiß (Freifläche und Spanfläche) bei zwei Gefügezuständen des gleichen Werkstoffes

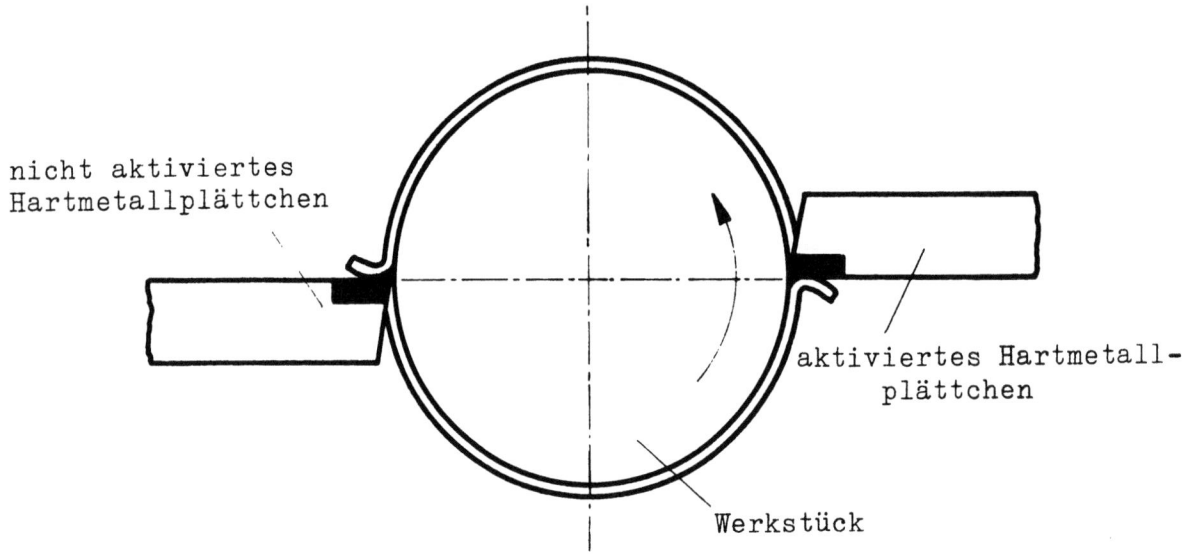

Abbildung 17

Prinzipanordnung zur Trennung von Frei- und Spanflächenverschleiß

Werkstück (z.B. Oberflächengüte) entweder der Freiflächen- oder der Spanflächenverschleiß von ausschlaggebender Bedeutung sind, ist es erforderlich, die bisher benutzte Versuchsanordnung so abzuändern, daß sie gestattet, den Volumenverschleiß von Freifläche und Spanfläche getrennt zu erfassen. Abbildung 17 zeigt das Prinzip der hierzu geeigneten Versuchsanordnung.

Ein aktiver Meißel steht einem normalen Meißel genau gegenüber, wobei die beiden Meißel in ihrer gemeinsamen Längsachse um 180° gegeneinander verdreht sind. Dann haftet nämlich der Spanflächenverschleiß des aktivierten Hartmetalls an den vom aktiven Meißel abgetrennten Spänen und der radioaktive Freiflächenverschleiß an den vom nichtaktiven Meißel abgetrennten Spänen. Mit dieser Anordnung und unseren Kenntnissen von den Gesetzmäßigkeiten der Bildung von Verschleißmarkenbreite und Kolk müßte es möglich sein, die hier dargelegten Ansätze der radioaktiven Verschleißmessung zu einem brauchbaren Kurzprüfverfahren zu entwickeln.

Prof. Dr.-Ing. OPITZ, Aachen
Dipl.-Phys. W. KATTWINKEL

FORSCHUNGSBERICHTE
DES WIRTSCHAFTS- UND VERKEHRSMINISTERIUMS
NORDRHEIN-WESTFALEN

Herausgegeben von Staatssekretär Prof. Leo Brandt

Heft 1:
Prof. Dr.-Ing. Eugen Flegler, Aachen
Untersuchungen oxydischer Ferromagnet-Werkstoffe

Heft 2:
Prof. Dr. phil. Walter Fuchs, Aachen
Untersuchungen über absatzfreie Teeröle

Heft 3:
Techn.-Wissenschaftl. Büro für die Bastfaserindustrie, Bielefeld
Untersuchungsarbeiten zur Verbesserung des Leinenwebstuhls

Heft 4:
Prof. Dr. E. A. Müller u. Dipl.-Ing. H. Spitzer, Dortmund
Untersuchungen über die Hitzebelastung in Hüttenbetrieben

Heft 5:
Dipl.-Ing. Werner Fister, Aachen
Prüfstand der Turbinenuntersuchungen

Heft 6:
Prof. Dr. phil. Walter Fuchs, Aachen
Untersuchungen über die Zusammensetzung und Verwendbarkeit von Schwelteerfraktionen

Heft 7:
Prof. Dr. phil. Walter Fuchs, Aachen
Untersuchungen über emsländisches Petrolatum

Heft 8:
Maria Elisabeth Meffert und Heinz Stratmann, Essen
Algen-Großkulturen im Sommer 1951

Heft 9:
Techn.-Wissenschaftl. Büro für die Bastfaserindustrie, Bielefeld
Untersuchungen über die zweckmäßige Wicklungsart von Leinengarnkreuzspulen unter Berücksichtigung der Anwendung hoher Geschwindigkeiten des Garnes
Vorversuche für Zetteln und Schären von Leinengarnen auf Hochleistungsmaschinen

Heft 10:
Prof. Dr. Wilhelm Vogel, Köln
„Das Streifenpaar" als neues System zur mechanischen Vergrößerung kleiner Verschiebungen und seine technischen Anwendungsmöglichkeiten

Heft 11:
Laboratorium für Werkzeugmaschinen und Betriebslehre, Technische Hochschule Aachen
1. Untersuchungen über Metallbearbeitung im Fräsvorgang mit Hartmetallwerkzeugen und negativem Spanwinkel
2. Weiterentwicklung des Schleifverfahrens für die Herstellung von Präzisionswerkstücken unter Vermeidung hoher Temperaturen
3. Untersuchung von Oberflächenveredlungsverfahren zur Steigerung der Belastbarkeit hochbeanspruchter Bauteile

Heft 12:
Elektrowärme-Institut, Langenberg (Rhld.)
Induktive Erwärmung mit Netzfrequenz

Heft 13:
Techn.-Wissenschaftl. Büro für die Bastfaserindustrie, Bielefeld
Das Naßspinnen von Bastfasergarnen mit chemischen Zusätzen zum Spinnbad

Heft 14:
Forschungsstelle für Acetylen, Dortmund
Untersuchungen über Aceton als Lösungsmittel für Acetylen

Heft 15:
Wäschereiforschung Krefeld
Trocknen von Wäschestoffen

Heft 16:
Max-Planck-Institut für Kohlenforschung, Mülheim a. d. Ruhr
Arbeiten des MPI für Kohlenforschung

Heft 17:
Ingenieurbüro Herbert Stein, M. Gladbach
Untersuchung der Verzugsvorgänge in den Streckwerken verschiedener Spinnereimaschinen. 1. Bericht: Vergleichende Prüfung mit verschiedenen Dickenmeßgeräten

Heft 18:
Wäschereiforschung Krefeld
Grundlagen zur Erfassung der chemischen Schädigung beim Waschen

Heft 19:
Techn.-Wissenschaftl. Büro für die Bastfaserindustrie, Bielefeld
Die Auswirkung des Schlichtens von Leinengarnketten auf den Verarbeitungswirkungsgrad, sowie die Festigkeits- und Dehnungsverhältnisse der Garne und Gewebe

Heft 20:
Techn.-Wissenschaftl. Büro für die Bastfaserindustrie, Bielefeld
Trocknung von Leinengarnen I
Vorgang und Einwirkung auf die Garnqualität

Heft 21:
Techn.-Wissenschaftl. Büro für die Bastfaserindustrie, Bielefeld
Trocknung von Leinengarnen II
Spulenanordnung und Luftführung beim Trocknen von Kreuzspulen

Heft 22:
Techn.-Wissenschaftl. Büro für die Bastfaserindustrie, Bielefeld
Die Reparaturanfälligkeit von Webstühlen

Heft 23:
Institut für Starkstromtechnik, Aachen
Rechnerische und experimentelle Untersuchungen zur Kenntnis der Metadyne als Umformer von konstanter Spannung auf konstanten Strom

Heft 24:
Institut für Starkstromtechnik, Aachen
Vergleich verschiedener Generator-Metadyne-Schaltungen in bezug auf statisches Verhalten

Heft 25:
Gesellschaft für Kohlentechnik mbH., Dortmund-Eving
Struktur der Steinkohlen und Steinkohlen-Kokse

Heft 26:
Techn.-Wissenschaftl. Büro für die Bastfaserindustrie, Bielefeld
Vergleichende Untersuchungen zweier neuzeitlicher Ungleichmäßigkeitsprüfer für Bänder und Garne hinsichtlich ihrer Eignung für die Bastfaserspinnerei

Heft 27:
Prof. Dr. E. Schratz, Münster
Untersuchungen zur Rentabilität des Arzneipflanzenanbaues
Römische Kamille, Anthemis nobilis L.

Heft 28:
Prof. Dr. E. Schratz, Münster
Calendula officinalis L.
Studien zur Ernährung, Blütenfüllung und Rentabilität der Drogengewinnung

Heft 29:
Techn.-Wissenschaftl. Büro für die Bastfaserindustrie, Bielefeld
Die Ausnützung der Leinengarne in Geweben

Heft 30:
Gesellschaft für Kohlentechnik mbH., Dortmund-Eving
Kombinierte Entaschung und Verschwelung von Steinkohle; Aufarbeitung von Steinkohlenschlämmen zu verkokbarer oder verschwelbarer Kohle

Heft 31:
Dipl.-Ing. Störmann, Essen
Messung des Leistungsbedarfs von Doppelsteg-Kettenförderern

Heft 32:
Techn.-Wissenschaftl. Büro für die Bastfaserindustrie, Bielefeld
Der Einfluß der Natriumchloridbleiche auf Qualität und Verwebbarkeit von Leinengarnen und die Eigenschaften der Leinengewebe unter besonderer Berücksichtigung des Einsatzes von Schützen- und Spulenwechselautomaten in der Leinenweberei

Heft 33:
Kohlenstoffbiologische Forschungsstation e. V.
Eine Methode zur Bestimmung von Schwefeldioxyd und Schwefelwasserstoff in Rauchgasen und in der Atmosphäre

Heft 34:
Textilforschungsanstalt Krefeld
Quellungs- und Entquellungsvorgänge bei Faserstoffen

Heft 35:
Professor Dr. Wilhelm Kast, Krefeld
Feinstrukturuntersuchungen an künstlichen Zellulosefasern verschiedener Herstellungsverfahren

Heft 36:
Forschungsinstitut der feuerfesten Industrie, Bonn
Untersuchungen über die Trocknung von Rohton.
Untersuchungen über die chemische Reinigung von Silika- und Schamotte-Rohstoffen mit chlorhaltigen Gasen

Heft 37:
Forschungsinstitut der feuerfesten Industrie, Bonn
Untersuchungen über den Einfluß der Probenvorbereitung auf die Kaltdruckfestigkeit feuerfester Steine

Heft 38:
Forschungsstelle für Acetylen, Dortmund
Untersuchungen über die Trocknung von Acetylen zur Herstellung von Dissousgas

Heft 39:
Forschungsgesellschaft Blechverarbeitung e. V., Düsseldorf
Untersuchungen an prägegemusterten und vorgelochten Blechen

Heft 40:
Landesgeologe Dr.-Ing. W. Wolff, Amt für Bodenforschung, Krefeld
Untersuchungen über die Anwendbarkeit geophysikalischer Verfahren zur Untersuchung von Spateisengängen im Siegerland

Heft 41:
Techn.-Wissenschaftl. Büro für die Bastfaserindustrie, Bielefeld
Untersuchungsarbeiten zur Verbesserung des Leinenwebstuhles II

Heft 42:
Professor Dr. Burckhardt Helferich, Bonn
Untersuchungen über Wirkstoffe — Fermente — in der Kartoffel und die Möglichkeit ihrer Verwendung

Heft 43:
Forschungsgesellschaft Blechverarbeitung e. V., Düsseldorf
Forschungsergebnisse über das Beizen von Blechen

Heft 44:
Arbeitsgemeinschaft für praktische Dehnungsmessung, Düsseldorf
Eigenschaften und Anwendungen von Dehnungsmeßstreifen

Heft 45:
Losenhausenwerk Düsseldorfer Maschinenbau AG., Düsseldorf
Untersuchungen von störenden Einflüssen auf die Lastgrenzenanzeige von Dauerschwingprüfmaschinen

Heft 46:
Professor Dr. phil. W. Fuchs, Aachen
Untersuchungen über die Aufbereitung von Wasser für die Dampferzeugung in Benson-Kesseln

Heft 47:
Prof. Dr.-Ing. habil. Karl Krekeler, Aachen
Versuche über die Anwendung der induktiven Erwärmung zum Sintern von hochschmelzenden Metallen sowie zur Anlegierung und Vergütung von aufgespritzten Metallschichten mit dem Grundwerkstoff.

Heft 48:
Max-Planck-Institut für Eisenforschung, Düsseldorf
Spektrochemische Analyse der Gefügebestandteile in Stählen nach ihrer Isolierung

Heft 49:
Max-Planck-Institut für Eisenforschung, Düsseldorf
Untersuchungen über Ablauf der Desoxydation und die Bildung von Einschlüssen in Stählen

Heft 50:
Max-Planck-Institut für Eisenforschung, Düsseldorf
Flammenspektralanalytische Untersuchung der Ferritzusammensetzung in Stählen

Heft 51:
Verein zur Förderung von Forschungs- und Entwicklungsarbeiten in der Werkzeugindustrie e. V., Remscheid
Untersuchungen an Kreissägeblättern für Holz, Fehler- und Spannungsprüfverfahren

Heft 52:
Forschungsstelle für Azetylen, Dortmund
Untersuchungen über den Umsatz bei der explosiblen Zersetzung von Azetylen
   a) Zersetzung von gasförmigem Azetylen,
   b) Zersetzung von an Silikagel adsorbiertem Azetylen

Heft 53:
Professor Dr.-Ing. H. Opitz, Aachen
Reibwert- und Verschleißmessungen an Kunststoffgleitführungen für Werkzeugmaschinen

Heft 54:
Professor Dr.-Ing. habil. F. A. F. Schmidt, Aachen
Schaffung von Grundlagen für die Erhöhung der spez. Leistung und Herabsetzung des spez. Brennstoffverbrauches bei Ottomotoren mit Teilbericht über Arbeiten an einem neuen Einspritzverfahren

Heft 55:
Forschungsgesellschaft Blechverarbeitung, Düsseldorf
Chemisches Glänzen von Messing und Neusilber

Heft 56:
Forschungsgesellschaft Blechverarbeitung, Düsseldorf
Untersuchungen über einige Probleme der Behandlung von Blechoberflächen

Heft 57:
Prof. Dr.-Ing. habil. F. A. F. Schmidt, Aachen
Untersuchungen zur Erforschung des Einflusses des chemischen Aufbaues des Kraftstoffes auf sein Verhalten im Motor und in Brennkammern von Gasturbinen.

Heft 58:
Gesellschaft für Kohlentechnik m. b. H., Dortmund
Herstellung und Untersuchung von Steinkohlenschwelteer.

Heft 59:
Forschungsinstitut der Feuerfest-Industrie, Bonn
Ein Schnellanalysenverfahren zur Bestimmung von Aluminiumoxyd, Eisenoxyd und Titanoxyd in feuerfestem Material mittels organischer Farbreagenzien auf photometrischem Wege
Untersuchungen des Alkali-Gehaltes feuerfester Stoffe mit dem Flammenphotometer nach Riehm-Lange

Heft 60:
Forschungsgesellschaft Blechverarbeitung e. V., Düsseldorf
Untersuchungen über das Spritzlackieren im elektrostatischen Hochspannungsfeld

Heft 61:
Verein zur Förderung von Forschungs- und Entwicklungsarbeiten in der Werkzeugindustrie e. V., Remscheid
Schwingungs- und Arbeitsverhalten von Kreissägeblättern für Holz

Heft 62:
Professor Dr. W. Franz, Institut für theoretische Physik der Universität Münster
Berechnung des elektrischen Durchschlags durch feste und flüssige Isolatoren

Heft 63:
Textilforschungsanstalt Krefeld
Neue Methoden zur Untersuchung der Wirkungsweise von Textilhilfsmitteln
Untersuchungen über Schlichtungs- und Entschlichtungsvorgänge

Heft 64:
Textilforschungsanstalt Krefeld
Die Kettenlängenverteilung von hochpolymeren Faserstoffen
Über die fraktionierte Fällung von Polyamiden

Heft 65:
Fachverband Schneidwarenindustrie, Solingen
Untersuchungen über das elektrolytische Polieren von Tafelmesserklingen aus rostfreiem Stahl

Heft 66:
Dr.-Ing. Peter Füsgen VDI †, Düsseldorf
Untersuchungen über das Auftreten des Ratterns bei selbsthemmenden Schneckengetrieben und seine Verhütung

Heft 67:
Heinrich Wösthoff o. H. G., Apparatebau, Bochum
Entwicklung einer chemisch-physikalischen Apparatur zur Bestimmung kleinster Kohlenoxyd-Konzentrationen

Heft 68:
Kohlenstoffbiologische Forschungsstation e. V., Essen
Algengroßkulturen im Sommer 1952
II. Über die unsterile Großkultur von Scenedesmus obliquus

Heft 69:
Wäschereiforschung Krefeld
Bestimmung des Faserabbaues bei Leinen unter besonderer Berücksichtigung der Leinengarnbleiche

Heft 70:
Wäschereiforschung Krefeld
Trocknen von Wäschestoffen

Heft 71:
Prof. Dr.-Ing. K. Leist, Aachen
Kleingasturbinen, insbesondere zum Fahrzeugantrieb

Heft 72:
Prof. Dr.-Ing. K. Leist, Aachen
Beitrag zur Untersuchung von stehenden geraden Turbinengittern mit Hilfe von Druckverteilungsmessungen

Heft 73:
Prof. Dr.-Ing. K. Leist, Aachen
Spannungsoptische Untersuchungen von Turbinenschaufelfüßen

Heft 74:
Max-Planck-Institut für Eisenforschung, Düsseldorf
Versuche zur Klärung des Umwandlungsverhaltens eines sonderkarbidbildenden Chromstahls

Heft 75:
Max-Planck-Institut für Eisenforschung, Düsseldorf
Zeit-Temperatur-Umwandlungs-Schaubilder als Grundlage der Wärmebehandlung der Stähle

Heft 76:
Max-Planck-Institut für Arbeitsphysiologie, Dortmund
Arbeitstechnische und arbeitsphysiologische Rationalisierung von Mauersteinen

Heft 77:
Meteor Apparatebau Paul Schmeck G. m. b. H., Siegen
Entwicklung von Leuchtstoffröhren hoher Leistung

Heft 78:
Forschungsstelle für Acetylen, Dortmund
Über die Zustandsgleichung des gasförmigen Acetylens und das Gleichgewicht Acetylen—Aceton

Heft 79:
Techn.-Wissenschaftl. Büro für die Bastfaserindustrie, Bielefeld
Trocknung von Leinengarnen III
Spinnspulen- und Spinnkopstrocknung
Vorgang und Einwirkung auf die Garnqualität

Heft 80:
Techn.-Wissenschaftl. Büro für die Bastfaserindustrie, Bielefeld
Die Verarbeitung von Leinengarn auf Webstühlen mit und ohne Oberbau

Heft 81:
Prüf- und Forschungsinstitut für Ziegeleierzeugnisse, Essen-Kray
Die Einführung des großformatigen Einheits-Gitterziegels im Lande Nordrhein-Westfalen

Heft 82:
Vereinigte Aluminium-Werke AG., Bonn
Forschungsarbeiten auf dem Gebiet der Veredelung von Aluminium-Oberflächen

Heft 83:
Prof. Dr. S. Strugger, Münster
Über die Struktur der Proplastiden

Heft 84:
Dr. med. habil., Dr. phil. H. Baron, Düsseldorf
Über Standardisierung von Wundtextilien

Heft 85:
Textilforschungsanstalt Krefeld
Physikalische Untersuchungen an Fasern, Fäden, Garnen und Geweben:
Untersuchungen am Knickscheuergerät nach Weltzien

Heft 86:
Professor Dr.-Ing. H. Opitz, Aachen
Untersuchungen über das Fräsen von Baustahl sowie über den Einfluß des Gefüges auf die Zerspanbarkeit

Heft 87:
Gemeinschaftsausschuß Verzinken, Düsseldorf
Untersuchungen über Güte von Verzinkungen

Heft 88:
Gesellschaft für Kohlentechnik mbH., Dortmund-Eving
Oxydation von Steinkohle mit Salpetersäure

Heft 89:
Verein Deutscher Ingenieure, Gleitlagerforschung, Düsseldorf und Prof. Dr.-Ing. G. Vogelpohl, Göttingen
Versuche mit Preßstoff-Lagern für Walzwerke

Heft 90:
Forschungs-Institut der Feuerfest-Industrie, Bonn
Das Verhalten von Silikasteinen im Siemens-Martin-Ofengewölbe

Heft 91:
Forschungs-Institut der Feuerfest-Industrie, Bonn
Untersuchungen des Zusammenhangs zwischen Leistung und Kohlenverbrauch von Kammeröfen zum Brennen von feuerfesten Materialien

Heft 92:
Techn.-Wissenschaftl. Büro für die Bastfaserindustrie, Bielefeld und Laboratorium für textile Meßtechnik, M.-Gladbach
Messungen von Vorgängen am Webstuhl

Heft 93:
Prof. Dr. W. Kast, Krefeld
Spinnversuche zur Strukturerfassung künstlicher Zellulosefasern

Heft 94:
Prof. Dr. phil. habil. G. Winter, Bonn
Die Heilpflanzen des MATTHIOLUS (1611) gegen Infektionen der Harnwege und Verunreinigung der Wunden bzw. zur Förderung der Wundheilung im Lichte der Antibiotikaforschung

Heft 95:
Prof. Dr. phil. habil. G. Winter, Bonn
Untersuchungen über die flüchtigen Antibiotika aus der Kapuziner- (Tropaeolum maius) und Gartenkresse (Lepidium sativum) und ihr Verhalten im menschlichen Körper bei Aufnahme von Kapuziner- bzw. Gartenkressensalat per os

Heft 96:
Dr.-Ing. P. Koch, Dortmund
Austritt von Exoelektronen aus Metalloberflächen unter Berücksichtigung der Verwendung des Effektes für die Materialprüfung

Heft 97:
Ing. H. Stein, M.-Gladbach
Laboratorium für textile Meßtechnik
Untersuchung der Verzugsvorgänge an den Streckwerken verschiedener Spinnereimaschinen
2. Bericht: Ermittlung der Haft-Gleiteigenschaften von Faserbändern und Vorgarnen

Heft 98:
Fachverband Gesenkschmieden, Hagen
Die Arbeitsgenauigkeit beim Gesenkschmieden unter Hämmern

Heft 99:
Prof. Dr.-Ing. G. Garbotz, Aachen
Der Kraft- und Arbeitsaufwand sowie die Leistungen beim Biegen von Bewehrungsstählen in Abhängigkeit von den Abmessungen, den Formen und der Güte der Stähle (Ermittlung von Leistungsrichtlinien)

Heft 100:
Prof. Dr.-Ing. H. Opitz, Aachen
Untersuchungen von elektrischen Antrieben, Steuerungen und Regelungen an Werkzeugmaschinen

Heft 101:
Prof. Dr.-Ing. H. Opitz, Aachen
Wirtschaftlichkeitsbetrachtungen beim Außenrundschleifen

Heft 102:
Dr. phil. habil. P. Hölemann, Ing. R. Hasselmann und Ing. G. Dix, Dortmund
Untersuchungen über die thermische Zündung von explosiblen Azetylenzersetzungen in Kapillaren

Heft 103:
Prof. Dr. phil. W. Weizel, Bonn
Durchführung von experimentellen Untersuchungen über den zeitlichen Ablauf von Funken in komprimierten Edelgasen sowie zu deren mathematischen Berechnung

Heft 104:
Prof. Dr. phil. W. Weizel, Bonn
Über den Einfluß der Elektroden auf die Eigenschaften von Cadmium-Sulfid-Widerstands-Photozellen

Heft 105:
Dr.-Ing. R. Meldau, Harsewinkel/Westf.
Auswertung von Gekörn – Analysen des Musterstaubes „Flugasche Fortuna I"

Heft 106:
ORR. Dr.-Ing. W. Küch, Dortmund
Untersuchungen über die Einwirkung von feuchtigkeitsgesättigter Luft auf die Festigkeit von Leimverbindungen

Heft 107:
Prof. Dr. phil. H. Lange, Köln
Über die Konstruktion von Laboratoriumsmagneten

Heft 108:
Prof. Dr. phil. W. Fuchs, Aachen
Untersuchungen über neue Beizmethoden und Beizabwässer
I. Die Entzunderung von Drähten mit Natriumhydrid
II. Die Aufbereitung von Beizabwässern

Heft 109:
Dr. phil. habil. P. Hölemann und Ing. R. Hasselmann, Dortmund
Untersuchungen über die Löslichkeit von Azetylen in verschiedenen organischen Lösungsmitteln

Heft 110:
Dr. phil. habil. P. Hölemann und Ing. R. Hasselmann, Dortmund
Untersuchungen über den Druckverlauf bei der explosiblen Zersetzung von gasförmigem Azetylen

Heft 111:
Fachverband Steinzeugindustrie, Köln
Die Entwicklung eines Gerätes zur Beschickung seitlicher Feuer von Steinzeug-Einzelkammeröfen mit festen Brennstoffen

Heft 112:
Prof. Dr.-Ing. H. Opitz, Aachen
Verschleißmessungen beim Drehen mit aktivierten Hartmetallwerkzeugen

Heft 113:
Prof. Dr. med. O. Graf, Dortmund
Erforschung der geistigen Ermüdung und nervösen Belastung: Studien über die vegetative 24-Stunden-Rhythmik in Ruhe und unter Belastung

Heft 114:
Prof. Dr. med. O. Graf, Dortmund
Studien über Fließarbeitsprobleme an einer praxisnahen Experimentieranlage

Heft 115:
Prof. Dr. med. O. Graf, Dortmund
Studium über Arbeitspausen in Betrieben bei freier und zeitgebundener Arbeit (Fließarbeit) und ihre Auswirkung auf die Leistungsfähigkeit

Heft 116:
Prof. Dr.-Ing. E. Siebel und Dr.-Ing. H. Weise, Stuttgart
Untersuchungen an einigen Problemen des Tiefziehens – I. Teil

Heft 117:
Dr.-Ing. H. Beißwänger, Stuttgart, und Dr.-Ing. S. Schwandt, Trier
Untersuchungen an einigen Problemen des Tiefziehens – II. Teil

Heft 118:
Prof. Dr. med. E. A. Müller und Dr. med. H. G. Wenzel, Dortmund
Neuartige Klima-Anlage zur Erzeugung ungleicher Luft- und Strahlungstemperaturen in einem Versuchsraum

Heft 119:
Dr.-Ing. O. Viertel, Krefeld
Wäscherei- und energietechnische Untersuchung einer Gemeinschafts-Waschanlage

Heft 120:

Dipl.-Ing. Weisbecker, Lüdenscheid
Über Anfressung an Reinstaluminium-Schweißnähten bei der elektrolytischen Oxydation
Gebr. Hörstermann GmbH., Velbert
Entwicklung und Erprobung eines neuartigen Gummibandförderers

Heft 121:

Dr. rer. nat. H. Krebs, Bonn
I. Die Struktur und die Eigenschaften der Halbmetalle
II. Die Bestimmung der Atomverteilung in amorphen Substanzen
III. Die chemische Bindung in anorganischen Festkörpern und das Entstehen metallischer Eigenschaften

Heft 122:

Prof. Dr. phil. W. Fuchs, Aachen
Untersuchungen zur Verbesserung der Wasseraufbereitung und Wasseranalyse:
Über die Schnellbewertung von Ionenaustauscher

Heft 123:

Dipl.-Ing. J. Emondts, Aachen
Über Bodenverformungen bei stark gestörtem und mächtigem, wasserführendem Deckgebirge im Aachener Steinkohlengebiet

VERÖFFENTLICHUNGEN
DER ARBEITSGEMEINSCHAFT FÜR FORSCHUNG
DES LANDES NORDRHEIN-WESTFALEN

Im Auftrage des Ministerpräsidenten Karl Arnold

Herausgegeben von Staatssekretär Prof. Leo Brandt

Heft 1:

Prof. Dr.-Ing. Friedrich Seewald, Technische Hochschule Aachen

Neue Entwicklungen auf dem Gebiete der Antriebsmaschinen

Prof. Dr.-Ing. Friedrich A. F. Schmidt, Technische Hochschule Aachen

Technischer Stand und Zukunftsaussichten der Verbrennungsmaschinen, insbesondere der Gasturbinen

Dr.-Ing. R. Friedrich, Siemens-Schuckert-Werke A.-G., Mülheimer Werk

Möglichkeiten und Voraussetzungen der industriellen Verwertung der Gasturbine

Heft 2:

Prof. Dr.-Ing. Wolfgang Riezler, Universität Bonn

Probleme der Kernphysik

Prof. Dr. phil. Fritz Micheel, Universität Münster,

Isotope als Forschungsmittel in der Chemie und Biochemie

Heft 3:

Prof. Dr. med. Emil Lehnartz, Universität Münster

Der Chemismus der Muskelmaschine

Prof. Dr. med. Gunther Lehmann, Direktor des Max-Planck-Instituts für Arbeitsphysiologie, Dortmund

Physiologische Forschung als Voraussetzung der Bestgestaltung der menschlichen Arbeit

Prof. Dr. Heinrich Kraut, Max-Planck-Institut für Arbeitsphysiologie, Dortmund

Ernährung und Leistungsfähigkeit

Heft 4:

Prof. Dr. Franz Wever, Max-Planck-Institut für Eisenforschung, Düsseldorf

Aufgaben der Eisenforschung

Prof. Dr.-Ing. Hermann Schenck, Technische Hochschule Aachen

Entwicklungslinien des deutschen Eisenhüttenwesens

Prof. Dr.-Ing. Max Haas, Techn. Hochschule Aachen

Wirtschaftliche und technische Bedeutung der Leichtmetalle und ihre Entwicklungsmöglichkeiten

Heft 5:

Prof. Dr. med. Walter Kikuth, Medizinische Akademie Düsseldorf

Virusforschung

Prof. Dr. Rolf Danneel, Universität Bonn

Fortschritte der Krebsforschung

Prof. Dr. med. Dr. phil. W. Schulemann, Univ. Bonn

Wirtschaftliche und organisatorische Gesichtspunkte für die Verbesserung unserer Hochschulforschung

Heft 6:

Prof. Dr. Walter Weizel, Institut für theoretische Physik, Bonn

Die gegenwärtige Situation der Grundlagenforschung in der Physik

Prof. Dr. Siegfried Strugger, Universität Münster

Das Duplikantenproblem in der Biologie

Prof. Dr. Rolf Danneel, Universität Bonn

Über das Verhalten der Mitochondrien bei der Mitose der Mesenchymzellen des Hühner-Embryos

Direktor Dr. Fritz Gummert, Ruhrgas A.-G., Essen

Überlegungen zu den Faktoren Raum und Zeit im biologischen Geschehen und Möglichkeiten einer Nutzanwendung

Heft 7:
Prof. Dr.-Ing. August Götte, Technische Hochschule Aachen
Steinkohle als Rohstoff und Energiequelle
Prof. Dr. e. h. Karl Ziegler, Max-Planck-Institut für Kohlenforschung Mülheim a. d. Ruhr
Über Arbeiten des Max-Planck-Instituts für Kohlenforschung

Heft 8:
Prof. Dr.-Ing. Wilhelm Fucks, Technische Hochschule Aachen
Die Naturwissenschaft, die Technik und der Mensch
Prof. Dr. sc. pol. Walther Hoffmann, Universität Münster
Wirtschaftliche und soziologische Probleme des technischen Fortschritts

Heft 9:
Prof. Dr.-Ing. Franz Bollenrath, Technische Hochschule Aachen
Zur Entwicklung warmfester Werkstoffe
Dr. Heinrich Kaiser, Staatl. Materialprüfungsamt Dortmund
Stand spektralanalytischer Prüfverfahren und Folgerung für deutsche Verhältnisse

Heft 10:
Prof. Dr. Hans Braun, Universität Bonn
Möglichkeiten und Grenzen der Resistenzzüchtung
Prof. Dr.-Ing. Carl Heinrich Dencker, Universität Bonn
Der Weg der Landwirtschaft von der Energieautarkie zur Fremdenergie

Heft 11:
Prof. Dr.-Ing. Herwart Opitz, Technische Hochschule Aachen
Entwicklungslinien der Fertigungstechnik in der Metallbearbeitung
Prof. Dr.-Ing. Karl Krekeler, Technische Hochschule Aachen
Stand und Aussichten der schweißtechnischen Fertigungsverfahren

Heft: 12
Dr. Hermann Rathert, Mitglied des Vorstandes der Vereinigten Glanzstoff-Fabriken A.-G., Wuppertal-Elberfeld
Entwicklung auf dem Gebiet der Chemiefaser-Herstellung
Prof. Dr. Wilhelm Weltzien, Direktor der Textilforschungsanstalt Krefeld
Rohstoff und Veredlung in der Textilwirtschaft

Heft: 13
Dr.-Ing. e. h. Karl Herz, Chefingenieur im Bundesministerium für das Post- und Fernmeldewesen Frankfurt a. Main
Die technischen Entwicklungstendenzen im elektrischen Nachrichtenwesen
Ministerialdirektor Dipl.-Ing. Leo Brandt, Düsseldorf
Navigation und Luftsicherung

Heft 14:
Prof. Dr. Burckhardt Helferich, Universität Bonn
Stand der Enzymchemie und ihre Bedeutung
Prof. Dr. med. Hugo W. Knipping, Direktor der Med. Universitätsklinik Köln
Ausschnitt aus der klinischen Carcinomforschung am Beispiel des Lungenkrebses

Heft 15:
Prof. Dr. Abraham Esau, Technische Hochschule Aachen
Die Bedeutung von Wellenimpulsverfahren in Technik und Natur
Prof. Dr.-Ing. Eugen Flegler, Technische Hochschule Aachen
Die ferromagnetischen Werkstoffe in der Elektrotechnik und ihre neueste Entwicklung

Heft 16:
Prof. Dr. rer. pol. Rudolf Seyffert, Universität Köln
Die Problematik der Distribution
Prof. Dr. rer. pol. Theodor Beste, Universität Köln
Der Leistungslohn

Heft 17:
Prof. Dr.-Ing. Friedrich Seewald, Technische Hochschule Aachen
Die Flugtechnik und ihre Bedeutung für den allgemeinen technischen Fortschritt
Prof. Dr.-Ing. Edouard Houdremont, Essen
Art und Organisation der Forschung in einem Industriekonzern

Heft 18:
Prof. Dr. med. Dr. phil. W. Schulemann, Universität Bonn
Theorie und Praxis pharmakologischer Forschung
Prof. Dr. Wilhelm Groth, Direktor des Physikalisch-Chemischen Instituts, Universität Bonn
Technische Verfahren zur Isotopentrennung

Heft 19:
Dipl.-Ing. Kurt Traenckner, Stellvertr. Vorstandsmitglied der Ruhrgas-A.G., Essen
Entwicklungstendenzen der Gaserzeugung

Heft 20:
M. Zvegintzov
Wissenschaftliche Forschung und die Auswertung ihrer Ergebnisse. Ziel und Tätigkeit der National Research Development Corporation
Dr. Alexander King, Department of Scientific & Industrial Research, London
Wissenschaft und internationale Beziehungen

Heft 21:
Prof. Dr. phil. Robert Schwarz, Aachen
Wesen und Bedeutung der Silicium-Chemie
Prof. Dr. Kurt Alder, Universität Köln
Fortschritte in der Synthese von Kohlenstoffverbindungen

Heft 21 a
Jahresfeier der Arbeitsgemeinschaft für Forschung des Landes Nordrhein-Westfalen am 21. 5. 1952 in Düsseldorf mit Ansprachen des Herrn Bundespräsidenten Professor Dr. Theodor Heuss, des Herrn Ministerpräsidenten Arnold, Frau Kultusminister Teusch, der Herren Professor Dr. Hahn, Professor Dr. Strugger, Vizepräsident Dobbert, Professor Dr. Richter, Professor Dr. Fucks.

Heft 22:
Prof. Dr. Johannes von Allesch, Universität Göttingen
Die Bedeutung der Psychologie im öffentlichen Leben
Prof. Dr. med. Otto Graf, Max-Planck-Institut für Arbeitsphysiologie, Dortmund
Triebfedern menschlicher Leistung

Heft 23:
Prof. Dr. phil. Dr. jur. h. c. Bruno Kuske, Universität Köln
Probleme der Raumforschung
Prof. Dr. Dr.-Ing. e. h. Prager
Städtebau und Landesplanung

Heft 24:
Prof. Dr. Rolf Danneel, Universität Bonn
Über die Wirkungsweise der Erbfaktoren
Prof. Dr. K. Herzog, Medizinische Akademie Düsseldorf
Bewegungsbedarf der menschlichen Gliedmaßengelenke bei der Berufsarbeit

Heft 25:
Prof. Dr. O. Haxel, Heidelberg
Energiegewinnung aus Kernprozessen
Dr. Dr. Max Wolf, Düsseldorf
Gegenwartsprobleme der energiewirtschaftlichen Forschung

Heft 26:
Prof. Dr. Friedrich Becker, Universität Bonn
Ultrakurzwellen aus dem Weltraum, ein neues Forschungsgebiet der Astronomie
Dozent Dr. H. Straßl, Bonn
Bemerkenswerte Doppelsterne und das Problem der Sternentwicklung

Heft 27:
Prof. Dr. Heinrich Behnke, Universität Münster
Der Strukturwandel der Mathematik in der ersten Hälfte des 20. Jahrhunderts
Prof. Dr. E. Sperner, Bonn
Eine mathematische Analyse der Luftdruckverteilungen in großen Gebieten

Heft 28:
Prof. Dr. O. Niemczyk, Aachen
Die Problematik gebirgsmechanischer Vorgänge im Steinkohlenbergbau
Prof. Dr. W. Ahrens, Krefeld
Die Bedeutung geologischer Forschung für die Wirtschaft, besonders in Nordrhein-Westfalen

Heft 29:
Prof. Dr. B. Rensch, Münster
Das Problem der Residuen bei Lernleistungen
Prof. Dr. H. Fink, Köln
Über Leberschäden bei der Bestimmung des biologischen Wertes verschiedener Eiweiße von Mikroorganismen

Heft 30:
Prof. Dr.-Ing. F. Seewald, Aachen
Forschungen auf dem Gebiete der Aerodynamik
Prof. Dr.-Ing. K. Leist, Aachen
Forschungen in der Gasturbinentechnik

Heft 31:
Direktor Dr. F. Mietzsch, Wuppertal
Chemie und wirtschaftliche Bedeutung der Sulfonamide
Prof. Dr. G. Domagk, Wuppertal
Die experimentellen Grundlagen der Chemotherapie der bakteriellen Infektionen

Heft 32:
Prof. Dr. Hans Braun, Universität Bonn
Die Verschleppung von Pflanzenkrankheiten und -schädlingen über die Welt
Prof. Dr. Wilhelm Rudorf, Max-Planck-Institut für Züchtungsforschung, Voldagsen
Der Beitrag von Genetik und Züchtung zur Bekämpfung von Viruskrankheiten der Nutzpflanzen

Heft 33:
Prof. Dr.-Ing. V. Aschoff, Aachen
Probleme der elektroakustischen Einkanalübertragung
Prof. Dr.-Ing. H. Döring, Aachen
Erzeugung und Verstärkung von Mikrowellen

Heft 34:
Geheimrat Prof. Dr. Rudolf Schenck, Aachen
Bedingungen und Gang der Kohlenhydratsynthese im Licht
Prof. Dr. Emil Lehnartz, Universität Münster
Die Endstufen des Stoffabbaus im Organismus

Heft 35:
Prof. Dr.-Ing. H. Schenk, Aachen
Gegenwartsprobleme der Eisenindustrie in Deutschland
Prof. Dr.-Ing. E. Piwowarsky, Aachen
Gelöste und ungelöste Probleme des Gießereiwesens

Heft 36:
Prof. Dr. W. Riezler, Bonn
Teilchenbeschleuniger
Prof. Dr. med. G. Schubert, Hamburg
Anwendung neuer Strahlenquellen in der Krebstherapie

Heft 37:
Prof. Dr. F. Lotze, Münster
Probleme der Gebirgsbildung
Bergwerksdirektor Bergassessor a. D. Rauschenbach, Essen
Die Erhaltung der Förderungskapazität des Ruhrbergbaues auf lange Sicht

Heft 38:
Dr. E. C. Cherry, D. Sc., A.M.I.E.E., London
Cybernetics
Prof. Dr. E. Pietsch, Clausthal-Zellerfeld
Dokumentation und mechanisches Gedächtnis — zur Frage der Ökonomie der geistigen Arbeit

Heft 39:
Dr. H. Haase, Hamburg
Infrarot und seine technischen Anwendungen
Prof. Dr. A. Esau, Aachen
Die Bedeutung des Ultraschalls für technische Anwendungsgebiete

Heft 40:
Bergassessor F. Lange, Bochum-Hordel
Die wissenschaftliche und soziale Bedeutung der Silikose im Bergbau
Prof. Dr. W. Kikuth, Düsseldorf
Die Entstehung der Silikose und ihre Verbreitungsmaßnahmen

Heft 40a:
Prof. Dr. E. Groß, Bonn
Berufskrebs und Krebsforschung
Prof. Dr. H. W. Knipping, Köln
Die Situation der Krebsforschung vom Standpunkt der Klinik und des praktischen Arztes

Heft 41:
Dr.-Ing. G. V. Lachmann, Teddington
An einer neuen Entwicklungsschwelle im Flugzeugbau
Dr. A. Gerber, Zürich
Stand der Entwicklung der Raketen- und Lenktechnik

Heft 42:
Prof. Dr. Theodor Kraus, Köln
Lokalisationsphänomene und Raumordnung vom Standpunkt der geographischen Wissenschaft
Direktor Dr. Fritz Gummert, Essen
Vom Ernährungsversuchsfeld der Kohlenstoffbiologischen Forschungsstation Essen (Ein 6 Jahre lang

durchgeführter Versuch, einen Menschen aus dem Ertrag von 1250 qm zu ernähren).

Heft 43:
Prof. Giovanni Lampariello, Rom
Über Leben und Werk von Heinrich Hertz
Prof. Dr. Walter Weizel, Bonn
Über das Problem der Kausalität in der Physik

Heft 44:
Prof. Dr. Burckhardt Helferich, Bonn
Über Glykoside
Prof. Dr. Fritz Micheel, Münster
Kohlenhydrat-Eiweißverbindungen und ihre biochemische Bedeutung

Heft 45:
Prof. Dr. John von Neumann, Princeton/USA
Entwicklung und Ausnutzung neuerer mathematischer Maschinen
Prof. Dr. E. Stiefel, Zürich
Rechenautomaten im Dienste der Technik mit Beispielen aus dem Züricher Institut für angewandte Mathematik

Geisteswissenschaften

Heft 1:
Prof. Dr. W. Richter, Bonn,
Die Bedeutung der Geisteswissenschaften für die Bildung unserer Zeit
Prof. Dr. J. Ritter, Münster,
Die aristotelische Lehre vom Ursprung und Sinn der Theorie

Heft 2:
Prof. Dr. J. Kroll, Köln,
Elysium
Prof. Dr. G. Jachmann, Köln,
Die vierte Ekloge Vergils

Heft 3:
Prof. Dr. H. E. Stier, Münster,
Die klassische Demokratie

Heft 4:
Prof. Dr. W. Caskel, Köln,
Lihjan und Lihjanisch. Sprache und Kultur eines früharabischen Königreiches

Heft 5:
Prof. Dr. Th. Ohm, Münster,
Stammesreligionen im südlichen Tanganyika-Territorium. — Religionswissenschaftliche Ergebnisse meiner Ostafrikareise 1951

Heft 6:
Prälat Prof. Dr. G. Schreiber, Münster,
Deutsche Wissenschaftspolitik von Bismarck bis zum Atomphysiker Otto Hahn

Heft 7:
Prof. Dr. W. Holtzmann, Bonn,
Das mittelalterliche Imperium und die werdenden Nationen

Heft 8:
Prof. Dr. W. Caskel, Köln,
Die Bedeutung der Beduinen in der Geschichte der Araber

Heft 9:
Prälat Prof. Dr. Georg Schreiber, Münster
Iroschottische Motive im abendländischen Sakralraum

Heft 10:
Prof. Dr. P. Rassow, Köln,
Forschungen zur Reichsidee im 16. und 17. Jahrhundert

Heft 11:
Prof. Dr. H. E. Stier, Münster,
Roms Aufstieg zur Weltherrschaft

Heft 12:
Prof. Dr. D. K. H. Rengstorf, Münster,
Zum Problem der Gleichberechtigung zwischen Mann und Frau auf dem Boden des Urchristentums
Prof. Dr. H. Conrad, Bonn,
Grundprobleme einer Reform des Familienrechts

Heft 13:
Professor Dr. Max Braubach, Bonn,
Der Weg zum 20. Juli 1944 — Ein Forschungsbericht

Heft 14:
Prof. Dr. Paul Hübinger, Münster
Das deutsch-französische Verhältnis und seine mittelalterlichen Grundlagen

Heft 15:
Prof. Dr. Franz Steinbach, Bonn,
Der geschichtliche Weg des wirtschaftenden Menschen in die soziale Freiheit und politische Verantwortung

Heft 16:
Prof. Dr. Josef Koch, Köln,
Die Ars coniecturalis des Nikolaus von Cues

Heft 17:
Dr. James B. Conant,
U.S.-Hochkommissar für Deutschland,
Staatsbürger und Wissenschaftler
Prof. Dr. D. Karl Heinrich Rengstorf, Münster,
Antike und Christentum

Heft 18:
Prof. Dr. Richard Alewyn, Köln,
Klopstocks Publikum

Heft 19:
Prof. Dr. Fritz Schalk, Köln,
Das Lächerliche in der französischen Literatur des Ancien Régime

Heft 20:
Prof. Dr. Ludwig Raiser, Bad Godesberg,
Präsident der Deutschen Forschungsgemeinschaft
Rechtsfragen der Mitbestimmung

Heft 21:
Prof. D. Martin Noth, Bonn,
Das Geschichtsverständnis der alttestamentlichen Apokalyptik

Heft 22:
Prof. Dr. Walter F. Schirmer, Bonn
Glück und Ende der Könige in Shakespeares Historien

Heft 23:
Prof. Dr. Günther Jachmann, Köln
Der homerische Schiffskatalog und die Ilias

Heft 24:
Prof. Dr. Theodor Klauser, Bonn
Die römischen Petrustraditionen im Lichte der neuen Ausgrabungen unter der Peterskirche

Heft 25:
Prof. Dr. Hans Peters, Köln
Der Grundsatz der Gewaltentrennung in heutiger Sicht

Heft 26:
Prof. Dr. Fritz Schalk, Köln
Calderon und die Mythologie

Heft 27:
Prof. Dr. Josef Kroll, Köln
Vom Leben Geflügelter Worte

Heft 28:
Prof. Dr. Thomas Ohm
Die Religionen in Asien

Heft 29:
Prof. Dr. Leo Weisgerber, Bonn
Die Ordnung der Sprache im persönlichen und öffentlichen Leben

Heft 30:
Prof. Dr. Werner Caskel, Köln
Entdeckungen in Arabien

Heft 31:
Prof. Dr. Max Braubach, Bonn
Entstehung und Entwicklung der landesgeschichtlichen Bestrebungen und historischen Vereine im Rheinland

Heft 32:
Prof. Dr. Fritz Schalk, Köln
Somnium und verwandte Wörter in den romanischen Sprachen

MIX
Papier aus verantwortungsvollen Quellen
Paper from responsible sources
FSC® C105338

If you have any concerns about our products,
you can contact us on
ProductSafety@springernature.com

In case Publisher is established outside the EU,
the EU authorized representative is:
**Springer Nature Customer Service Center GmbH
Europaplatz 3, 69115 Heidelberg, Germany**

Printed by Libri Plureos GmbH
in Hamburg, Germany